André Parfait Nyemeck

Modélisation de la lubrification mixte dans les garnitures mécaniques

André Parfait Nyemeck

Modélisation de la lubrification mixte dans les garnitures mécaniques

Lubrification et comportement thermique dans les garnitures mécaniques

Presses Académiques Francophones

Impressum / Mentions légales

Bibliografische Information der Deutschen Nationalbibliothek: Die Deutsche Nationalbibliothek verzeichnet diese Publikation in der Deutschen Nationalbibliografie; detaillierte bibliografische Daten sind im Internet über http://dnb.d-nb.de abrufbar.

Alle in diesem Buch genannten Marken und Produktnamen unterliegen warenzeichen-, marken- oder patentrechtlichem Schutz bzw. sind Warenzeichen oder eingetragene Warenzeichen der jeweiligen Inhaber. Die Wiedergabe von Marken, Produktnamen, Gebrauchsnamen, Handelsnamen, Warenbezeichnungen u.s.w. in diesem Werk berechtigt auch ohne besondere Kennzeichnung nicht zu der Annahme, dass solche Namen im Sinne der Warenzeichen- und Markenschutzgesetzgebung als frei zu betrachten wären und daher von jedermann benutzt werden dürften.

Information bibliographique publiée par la Deutsche Nationalbibliothek: La Deutsche Nationalbibliothek inscrit cette publication à la Deutsche Nationalbibliografie; des données bibliographiques détaillées sont disponibles sur internet à l'adresse http://dnb.d-nb.de.

Toutes marques et noms de produits mentionnés dans ce livre demeurent sous la protection des marques, des marques déposées et des brevets, et sont des marques ou des marques déposées de leurs détenteurs respectifs. L'utilisation des marques, noms de produits, noms communs, noms commerciaux, descriptions de produits, etc, même sans qu'ils soient mentionnés de façon particulière dans ce livre ne signifie en aucune façon que ces noms peuvent être utilisés sans restriction à l'égard de la législation pour la protection des marques et des marques déposées et pourraient donc être utilisés par quiconque.

Coverbild / Photo de couverture: www.ingimage.com

Verlag / Editeur:
Presses Académiques Francophones
ist ein Imprint der / est une marque déposée de
OmniScriptum GmbH & Co. KG
Heinrich-Böcking-Str. 6-8, 66121 Saarbrücken, Deutschland / Allemagne
Email: info@presses-academiques.com

Herstellung: siehe letzte Seite /
Impression: voir la dernière page
ISBN: 978-3-8416-2521-2

Copyright / Droit d'auteur © 2013 OmniScriptum GmbH & Co. KG
Alle Rechte vorbehalten. / Tous droits réservés. Saarbrücken 2013

Modélisation de la lubrification mixte et du comportement thermique des garnitures mécaniques

« L'unique héritage que je vous donne c'est de vous former afin d'être utiles à vous-mêmes et pour les autres [a].»*
Rev. Samuel M. Bisse

[a*] Extrait d'une lettre du Rev. Samuel Bisse à Jacquie Thérèse et Lissouck M., le 20 septembre 2000 à Ilanga

AVANT-PROPOS

Ce travail a été réalisé dans le cadre d'un partenariat entre le Laboratoire Pprime (Département de Génie mécanique et système complexe) de l'Université de Poitiers et le Centre d'Etude Technique des Industries de Mécaniques (CETIM).

Je tiens tout d'abord à exprimer ma gratitude envers Monsieur Bernard Tournerie et Monsieur Noël Brunetière pour m'avoir accepté dans leur équipe, malgré mon cursus très atypique. Je les remercie pour leur disponibilité, et surtout pour leur sens incroyable de la gentillesse et de la convivialité. Je donne particulièrement un franc « merci » à Noël Brunetiere qui, dans l'urgence, était là chaque fois, pour des conseils, et aussi pour mettre de l'ordre dans mon travail.

Je voudrais également exprimer ma reconnaissance à Messieurs A. A. Lubrecht et T. Cicone, qui m'ont fait l'honneur d'accepter d'être rapporteur de ce travail.

Je tiens également à remercier Messieurs Bernard. Villechaise, Pierre Montmitonnet et Didier. Fribourg d'avoir accepté d'être examinateur de ce travail.

Je voudrais remercier tous les membres du département D3 pour l'amitié qu'ils m'ont témoignée et pour leur soutien relationnel et moral: Elias, Djamila, Andreï, Amine, Yann, Franck, P. Jolly, J. Bouyer, Mihaï A., P. Matta, P. Maspeyrot, F. Migout, C. Minet, Jérôme, Khouloud…

Un énorme merci à toute ma famille, qui n'a **JAMAIS** cessé de croire en moi malgré les tempêtes. Toute ma gratitude à ma mère qui me regarde là-haut, cette femme qui a su m'ouvrir la voie à tant de choses, et surtout le chemin de l'école. Je tiens à remercier mes sœurs, Jacquie Thérèse et

Estheriènne pour leur confiance. Monique (la mère) et Free Free (my Friend) qui sont toujours là quand je les appelle, même lorsqu'elles sont sans nouvelles de ma part depuis des mois. Mes chères sœurs, je vous remets ce travail et ce grade de Docteur en guise de médaille d'honneur. Je pense également à Anne Béatrice, pour tous nos moments de partage. Un grand merci à mes frères, Bisse fils qui avait longtemps été ma référence, à Bikond Nicaise pour la tranquillité qu'il dégage et à Biyiha B. pour son encadrement. A tous mes cousins, aux nièces et neveux que je vois naître et grandir chaque jour. A mon beau-frère Lissouck M., à toute la famille Habrard et Mokouembe pour leur soutien.

Sommaire

Nomenclature 17

Introduction 25

CHAPITRE I 37

1 Etude Bibliographique 37

   1.1   Lubrification des surfaces 38

      1.1.1   Surfaces des garnitures mécaniques 38

      1.1.2   Les régimes de lubrification 40

      1.1.3   Conclusion 42

   1.2   Modélisation du contact rugueux 42

      1.2.1   Méthodes stochastiques de contact 42

      1.2.2   Méthodes déterministes de contact 46

      1.2.3   Conclusion 48

   1.3   Modélisation de la lubrification entre les surfaces rugueuses 48

      1.3.1   Approche stochastique 49

      1.3.2   Approche déterministe 54

      1.3.3   Approche par homogénéisation 56

      1.3.4   Conclusion 58

   1.4   Lubrification mixte dans les garnitures mécaniques 59

      1.4.1   Approche stochastique 59

      1.4.2   Approche déterministe 62

1.4.3 Conclusion 62

1.5 Méthodes de calcul multi-échelles 63

    1.5.1 Méthode des éléments finis et volumes finis multi-échelles ... 63

    1.5.2 Méthode Arlequin 66

    1.5.3 La méthode multigrilles 67

    1.5.4 Conclusion 68

1.6 Les effets thermiques dans les garnitures mécaniques 68

    1.6.1 Etudes précédentes 68

    1.6.2 Comportement thermique des contacts en régime de lubrification mixte 71

    1.6.3 Variation de la viscosité avec la température 74

    1.6.4 Echanges thermiques dans les garnitures mécaniques 75

    1.6.5 Conclusion 79

1.7 Déformations de faces de la garniture 80

    1.7.1 Conicité 80

    1.7.2 Ondulation 81

    1.7.3 Conclusion 82

1.8 Conclusion 82

CHAPITRE II 85

2 Modélisation de la lubrification mixte isotherme 85

2.1 Modèle géométrique et cinématique de l'étude 85

2.2 Surfaces rugueuses 86

- 2.2.1 Paramètres de caractérisation statistique et ordres de grandeurs. 87
  - 2.2.1.1 L'écart-type 87
  - 2.2.1.2 Skewness (paramètre d'asymétrie) 87
  - 2.2.1.3 Kurtosis (paramètre d'étalement) 88
  - 2.2.1.4 Fonction d'auto corrélation 89
- 2.2.2 Mesures et analyses des surfaces réelles 91
  - 2.2.2.1 Dispositif de mesure de surface 91
  - 2.2.2.2 Dispositif expérimental 95
  - 2.2.2.3 Procédure expérimentale 96
  - 2.2.2.4 Analyse des mesures 99
- 2.2.3 Génération mathématique des surfaces rugueuses 107
- 2.3 Modèle déterministe de lubrification mixte 111
  - 2.3.1 Ecoulement des films minces visqueux entre des surfaces rugueuses 111
    - 2.3.1.1 Hypothèses de base 111
    - 2.3.1.2 Equation de Reynolds 112
    - 2.3.1.3 Modélisation du contact 114
    - 2.3.1.4 Position d'équilibre axial de la garniture mécanique 119
    - 2.3.1.5 Paramètres analysés 120
- 2.4 Méthode multi-échelles et résolution numérique 122
  - 2.4.1 Principe de l'approche multi-échelles 122

- 2.4.2 Résolution « maillage fin » ou « microscopique » 122
- 2.4.3 Résolution « par domaines » ou « macroscopique » 126
- 2.4.4 Algorithme de résolution et calcul parallèle 127
- 2.5 Validation 130
  - 2.5.1 Comparaison à une solution analytique 130
    - 2.5.1.1 Géométrie des solides 130
    - 2.5.1.2 Cas de faces lisses et planes 132
    - 2.5.1.3 Cas de faces lisses et coniques 133
  - 2.5.2 Comparaison du modèle multi-échelles avec un modèle déterministe 136
    - 2.5.2.1 Courbes de Stribeck 139
    - 2.5.2.2 Cavitation 140
    - 2.5.2.3 Force hydrodynamique et force de contact 142
    - 2.5.2.4 Variation de l'épaisseur de film 143
    - 2.5.2.5 Champ de pression macroscopique suivant le rayon 145
    - 2.5.2.6 Champ de pression microscopique 147
  - 2.5.3 Performances du modèle 149
    - 2.5.3.1 Temps de calcul 149
    - 2.5.3.2 Ecart relatif 151
- 2.6 Conclusion 153
- CHAPITRE III 157
- 3 Comportement thermique 157

3.1 Modèle d'écoulement d'un film mince visqueux non isotherme entre des surfaces rugueuses 158

    3.1.1 Modèle géométrique et cinématique 158

    3.1.2 Hypothèses du modèle non isotherme.................................... 158

    3.1.3 Equation de Reynolds non isotherme..................................... 159

    3.1.4 Variation de la viscosité 159

3.2 Transferts de chaleur dans l'interface de la garniture 161

3.3 Transferts de chaleur dans les anneaux 162

    3.3.1 Equation de la chaleur 162

    3.3.2 Conditions aux limites... 163

3.4 Déformations thermiques 164

    3.4.1 Equation de Lamé-Navier 164

    3.4.2 Conditions aux limites... 164

3.5 Résolution numérique 165

    3.5.1 Equation de la chaleur et de Lamé-Navier............................. 165

    3.5.2 Algorithme de résolution et description des tâches 166

3.6 Validation 168

    3.6.1 Comparaison avec un modèle TEHD pour face lisses........... 169

        3.6.1.1 Configuration du problème 169

        3.6.1.2 Distribution de température suivant le rayon................... 171

        3.6.1.3 Flux de chaleur dans les anneaux....................................... 174

3.6.1.4 Comparaison de la variation de l'épaisseur de film suivant le rayon 176

3.6.2 Cas de la lubrification mixte 177

3.6.2.1 Portance hydrodynamique et force de contact 177

3.6.2.2 Variation de l'épaisseur de film 179

3.6.2.3 Courbes de Stribeck 181

3.6.2.4 Cavitation 183

3.6.2.5 Débit de fuite 185

3.6.2.6 Analyse de la distribution de pression macroscopique 186

3.6.2.7 Profils radiaux de température 188

3.6.2.8 Variation de la température en fonction du paramètre G 189

3.6.2.9 Analyse de sensibilité du maillage 191

3.6.2.10 Identification des régimes de fonctionnement 193

3.7 Conclusion 194

CHAPITRE IV 197

4 Etude paramétrique 197

4.1 Etude du cas de référence- influence de la vitesse 197

4.1.1 Modèle géométrique et cinématique 197

4.1.2 Evolution de l'étendue des zones de cavitation 198

4.1.3 Evolution du coefficient de frottement 199

4.1.4 Evolution de l'épaisseur de film 200

4.1.5 Elévation moyenne de température 202

    4.1.6   Profils radiaux de température et d'épaisseur de film............ 204
  4.2   Etude de cas 206
    4.2.1   Influence de la pression d'alimentation 207
    4.2.2   Influence du coefficient d'équilibrage (B_h) 210
    4.2.3   Influence de l'écart type des rugosités (S_q) 212
    4.2.4   Influence des matériaux 214
    4.2.5   Influence du coefficient de frottement sec (f_s) 218
    4.2.6   Influence de la viscosité 220
  4.3   Paramètres sans dimension 222
    4.3.1   Résultats sans dimension 224
        4.3.1.1   Influence de B_h 224
        4.3.1.2   Evolution globale des paramètres 227
  4.4   Conclusion 229
CHAPITRE V 231
5   Conclusions et perspectives 231
Liste des figures 249
Liste des tableaux... 257

Nomenclature

a	Rayon de contact d'une aspérité	m
a	Grand axe de l'ellipse de contact	m
a_{kl}	Coefficients de la méthode de Patir	
B_1, B_2	Constantes introduites par Patir et Cheng	
b	Petit axe de l'ellipse de contact	m
B_h	Coefficient d'équilibrage	
b_{kl}	Coefficients de la méthode autorégressive	
c_f	Coefficient de frottement fluide	
Cf	Couple de frottement total	N.m
Cf_1	Couple de frottement visqueux	N.m
Cf_2	Couple de frottement sec	N.m
C_p	Chaleur spécifique	$J.kg^{-1}°C^{-1}$
d	Diamètre	m
dR	Espace extérieur occupé par le fluide	m
D	Variable universelle	
$\vec{e}_r, \vec{e}_\theta, \vec{e}_z$	Base locale cylindro-polaire	
E	Module d'élasticité	Pa
E_{th}	Efficacité thermique	$W.°C^{-1}$
F	Fonction bascule	
F_{ferm}	Force de fermeture	N
F_{ouv}	Force d'ouverture	N
F_{res}	Force exercée par les éléments élastiques	N
F_{sec}	Force exercée par le joint secondaire	N
h	Epaisseur de film	M
h_c	Coefficient d'échange par convection	$W.m^{-2}°C^{-1}$
h_0	Epaisseur nominale de film	m
h_r	Hauteur rugueuse	m
$\bar{h}$	Epaisseur moyenne de film	m
H	Distance du centre à un point de l'interface	m
H_d	Dureté du matériau	Pa

$M_{(.)}$	Matrice de coefficient d'influence	
k	Ellipticité du contact	
$K_{(.)}$	Conductivité thermique	$W.m^{-2}°C^{-1}$
Ku	Coefficient d'étalement (« kurtosis »)	
$l_{()}$	Longueur des anneaux	
nsc	Nombre de sommets en contacts	
N, M	Dimensions de la surface rugueuse	
N_r	Eléments du maillage direction radiale	
N_θ	Eléments du maillage direction	
N_{bl}	Nombre de sous-domaine	
N_{th}	Taux de déformation thermique	$rad.°C^{-1}$
p	Pression dans le film	Pa
p_c	Pression de contact	Pa
p_i	Pression imposée sur la frontière	Pa
p_{cav}	Pression de cavitation	Pa
$\bar{p}$	Pression moyenne	Pa
$q^{(.)}$	Débit massique sur la frontière d'un élément	$kg.s^{-1}$
$q_{(.)}$	Flux de chaleur au nœud du maillage	$W.m^{-2}$
r, θ, z	Variables d'espace en coordonnées	m, rad, m
R	Rayon	m
Ra	Ecart arithmétique du profile	m
(r_x, r_y)	Rayons de courbure au sommet d'une	m
(r_r, r_θ)	Rayons de courbure au sommet d'une	m
R_h	Rayon hydraulique	m
R_i	Rayon délimitant les frontières des éléments	m
$R(.)$	Fonction d'autocorrélation	
Rq	Ecart-type de la rugosité d'un profil	m
Sa	Ecart arithmétique de la rugosité d'une	m
S_h	Aire où s'applique la pression	m^2
SSk	Coefficient d'asymétrie d'une distribution	
SKu	Coefficient d'étalement d'une distribution	
S	Surface totale de l'interface	m^2
Sq	Ecart-type de la rugosité d'une surface	m

S_h	Surface totale hydraulique	m²
S_u	Terme source	
T	Température	°C
T_f	Température du fluide	°C
$T_{()0}$	Température pour un flux de chaleur nul	°C
u	Déplacement	m
$V_x, V_y,$	Composant de la vitesse en coordonnées	m.s⁻¹
V_r, V_θ, V_z	Composant de la vitesse en coordonnées	m.s⁻¹
W	Force appliquée	N
W_c	Force de contact sur un sommet d'aspérité	N
W_h	Portance hydrodynamique	N
W_{hs}	Portance hydrostatique	N
W_t	Force totale de contact	N
x, y, z	Variables d'espace en coordonnées	m
z	Hauteur rugueuse simulée	m
α_i	Constante	
β	Angle de conicité	rad
β_e	Angle de conicité initiale	rad
β_f	Coefficient de thermoviscosité	°C⁻¹
Γ	Courbure adimensionnée	
Δp	Différence de pression	Pa
$\Delta r, \Delta\theta$	Distance entre deux nœuds du maillage	m, rad
ΔR	Largeur radiale de l'interface	m
ΔT	Différence de température par rapport à celle	
η	Série de nombres aléatoires générés	
γ	Paramètre d'orientation de rugosité	
λ	Coefficient de dilatation	°C⁻¹
λ_x, λ_y	Longueur de corrélation dans la direction x, y	m
$\lambda_r, \lambda_\theta$	Longueur de corrélation dans la direction r, θ	m
μ, μ_f	Viscosité dynamique, et viscosité dynamique	Pa.s
ν	Coefficient de Poisson	
ρ, ρ_0	Densité local du fluide et densité du liquide	kg.m⁻³
σ_s	Ecart-type des hauteurs des sommets des	m

$\tau_{\theta z}$	Contrainte de cisaillement	Pa
ϕ_x, ϕ_y	Facteur d'écoulement dans la direction x et y	
ϕ_s	Facteur de cisaillement	
χ_1^x, χ_1^y	Angle de mésalignement	
ψ	Indice de plasticité	
δ	Interférence de contact	m
ω	Vitesse angulaire de rotation	rad.s^{-1}

Nombres sans dimension

C_0	Nombre de conicité	$C_0 = \dfrac{\beta_e \beta_f}{N_{th}}$
f	Coefficient de frottement global	$f = \dfrac{Cf_1 + Cf_2}{R_{moy} F_{ferm}}$
f_s	Coefficient de frottement sec	
f*	Coefficient de frottement modifié	$f* = f\left(\dfrac{\Delta R}{S_q}\right)^2 \left(\dfrac{B_h}{B_h - 0.5}\right)$
g_E	Paramètre d'élasticité	$g_E = \left(\dfrac{F_{eq}}{E_{eq} r_{eq}^2}\right)^{8/3} \left(\mu \dfrac{v}{E_{eq} r_{eq}}\right)^2$
G	Paramètre de service	$G = \mu \dfrac{\Delta R \, \omega \, R_{moy}}{F_{ferm}}$
G*	Paramètre de service modifié	$G*G\left(\dfrac{\Delta R}{S_q}\right)^2 \left(\dfrac{B_h}{B_h - 0.5}\right)$
Nu	Nombre de Nusselt	$Nu \; \dfrac{2 R_{ext}^2 \, h_c}{K_f}$
Pr	Nombre de Prandtl	$Pr = \mu \dfrac{C_p}{K_f}$
Re	Nombre de Reynolds	$Re = \rho^2 \dfrac{2 \omega R_{ext}^2}{\mu}$
Se	Paramètre de d'étanchéité	$Se = \mu_0 \dfrac{\omega^2 R_{moy}^2 \beta_f^2 4(B_{tot} - 0.5)}{E_{th} N_{th} \Delta R} S$

Ta	Nombre de Taylor	$Ta = \omega^2 \rho^2 \dfrac{R_{ext} dR^3}{\mu^2}$
$\overline{T}$	Température adimensionnée $\overline{T} = \beta_f \Delta T$	

Indices

*	Paramètres adimensionnés
1	Stator
2	Rotor
i,j	Indice d'incrémentation
eq	Equivalent
ext	Extérieur
int	Intérieur
moy	Moyen
macr_el	Macro-éléments
ref	Référence
η	Nombre aléatoire
z	Indice de direction suivant z
x,y,z	Indice se rapportant aux cordonnées cartésiens
r,θ,z	Indice se rapportant aux cordonnées cylindrique
f	Fluide

Modélisation de la lubrification mixte et du comportement thermique dans les garnitures mécaniques

Introduction

Les garnitures mécaniques d'étanchéité, encore appelées "joints tournants", sont utilisées pour assurer l'étanchéité d'arbre en rotation (figure Introduction 1). Leur rôle principal est de séparer deux milieux fluides de natures différentes, afin d'empêcher ou de minimiser les échanges entre eux.

Les garnitures mécaniques sont utilisées dans des conditions de fonctionnement de plus en plus sévères. Les pompes centrifuges par exemple peuvent fonctionner avec des vitesses de rotation supérieures à 20.000 tr/min, à des pressions pouvant atteindre 50 MPa, à des températures avoisinant 500 °C. La conception des dispositifs d'étanchéité pouvant répondre à ces conditions nécessite une technologie de pointe et une bonne maîtrise du comportement du système.

Figure Introduction 1: Dispositif d'étanchéité d'une pompe centrifuge [1]

Description des garnitures mécaniques

Les garnitures mécaniques sont composées d'un ensemble tournant (figure Introduction 2.) lié à l'arbre (rotor) et d'un ensemble fixe lié au bâti (stator). Les faces en contact du rotor et du stator délimitent les deux milieux fluides à séparer. L'interface du contact est généralement lubrifiée par le fluide environnant (liquide ou gaz) dont la pression est la plus élevée.

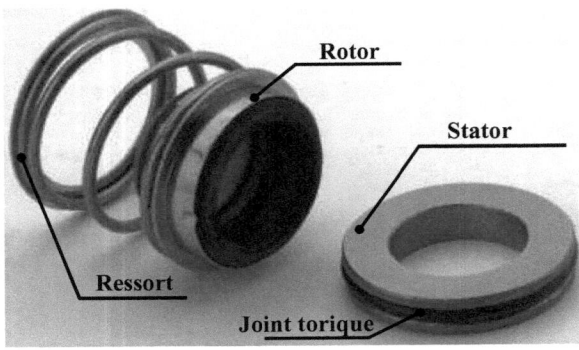

Figure Introduction 2: Image d'une garniture réelle [1]

L'un des composants est en liaison flexible avec son support grâce à un élément souple (ressorts, soufflets, figure introduction 3 a-b) ou alors les deux éléments à la fois (figure introduction 3 c).

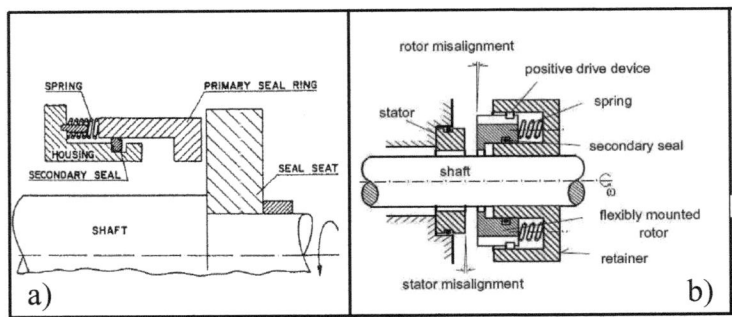

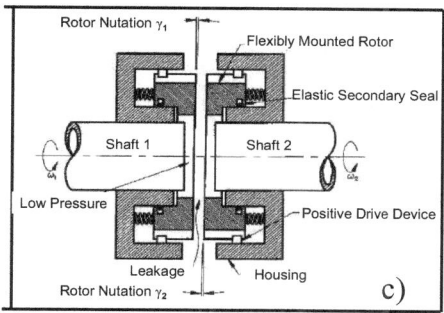

Figure Introduction 3: Montage des garnitures mécaniques: a) garniture à stator flottant [2], b) garniture à rotor flottant [3], c) garniture à deux éléments flottant [4]

Les faces des deux éléments sont ainsi maintenues en contact grâce aux efforts exercés par les éléments souples, et par le fluide sous pression (figure Introduction 4). L'élément bénéficiant de la liaison souple dispose de plusieurs degrés de liberté permettant un bon alignement des faces. Les joints secondaires en élastomère (joints toriques) quant à eux, permettent d'assurer l'étanchéité entre les anneaux et les autres supports (arbre, bâti).

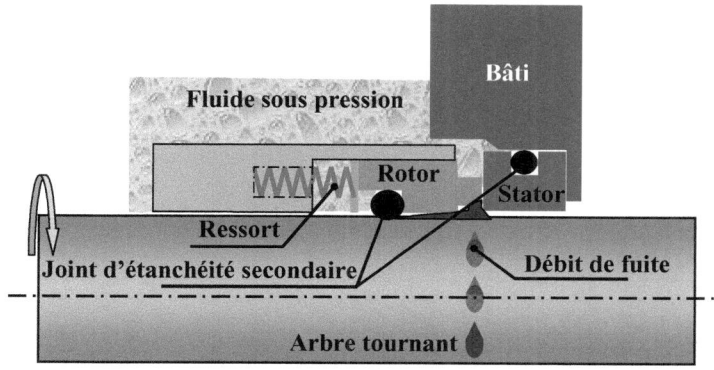

Figure Introduction 4: Représentation schématique d'une garniture mécanique

Comportement dynamique de la garniture

Des études antérieures ont considéré une garniture à stator flottant possédant trois degrés de liberté par rapport à son support [2, 3, 5]. Ces trois degrés sont définis par les paramètres χ_1^x, χ_1^y et une translation suivant $\vec{z}_o$ (Figure Introduction 5). Mais dans de nombreux cas, en raison de l'entrainement dynamique, le mésalignement relatif des faces est très faible ($<10^{-4}$ rad) et son effet est négligeable [5, 6]. C'est pourquoi dans cette étude, on utilise un modèle à un degré de liberté : une translation suivant l'axe de rotation.

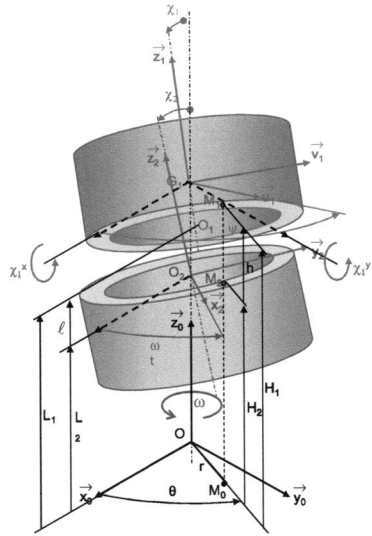

Figure Introduction 5: Mouvements possibles d'une garniture mécanique

Phénomènes régissant le comportement des garnitures mécaniques

Pendant le fonctionnement de la garniture, les faces de frottement sont généralement lubrifiées par le fluide environnant. Ce fluide s'infiltre entre le rotor et le stator, et permet de lubrifier les faces de frottements et de minimiser l'usure des faces; c'est le phénomène 1 (Figure Introduction 6). Le film dans l'interface peut ne pas être suffisamment épais pour séparer complètement les surfaces

L'un des anneaux au moins est en liaison avec son support par un élément élastique, ce qui permet d'avoir un meilleur alignement des surfaces. Le stator est donc soumis à l'action du fluide environnant, de l'élément élastique, du joint secondaire et du film lubrifiant. Ces différentes actions contribuent au comportement dynamique (phénomène 2). Ce comportement peut affecter par la suite, la lubrification des faces en modifiant l'épaisseur de film (interaction 1-2).

Le fluide se trouvant dans l'interface peut être fortement cisaillé. La chaleur produite (par frottement visqueux et frottement sec) est transférée vers les solides (phénomène 3). Le gradient de température engendré dans le film lubrifiant peut alors modifier les conditions d'écoulement en raison de la variation de la viscosité (interaction 1-3). D'autre part, il en résulte une déformation des faces de frottement entraînant une perte de planéité (interaction 3-4). La modification de l'état de surface affecte l'écoulement et donc le champ de pression, pouvant conduire à un comportement dynamique instable (interactions 1-4 et 2-4).

Le phénomène de changement de phase (phénomène 5) peut aussi apparaître lors du fonctionnement des garnitures mécaniques. Il peut provenir d'une élévation de température, supérieure à la température d'ébullition du fluide conduisant à la vaporisation partielle du film lubrifiant. Ce phénomène a trois conséquences immédiates: échange thermique (interaction 3-5), modification de l'écoulement (interaction 1-5), modification du comportement dynamique (interaction 5- 2).

Bien que le phénomène de changement de phase soit présenté sur le graphe, il sort largement du cadre de notre étude et ne sera abordé aussi qu'au travers de la cavitation. De même l'aspect dynamique se limitera au cas le plus simple d'un stator à un degré de liberté en équilibre axial. Il existe aussi d'autres phénomènes comme l'usure ou encore la turbulence dans le film qui ne sont pas cités ici.

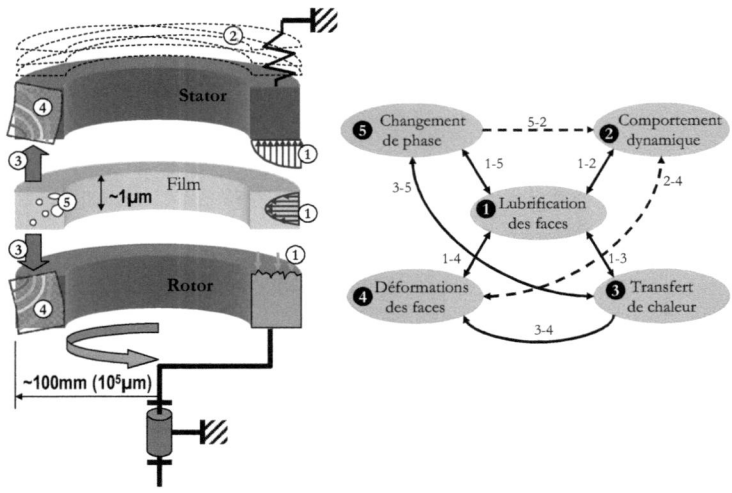

Figure Introduction 6: Phénomènes régissant le comportement d'une garniture [6]

Caractéristiques des matériaux de garnitures mécaniques

Les performances du système d'étanchéité dépendent des matériaux constituant les anneaux des garnitures. Etant donné que les faces des garnitures peuvent être partiellement en contact, ceci peut entraîner une usure par frottement. C'est la raison pour laquelle le choix des matériaux des garnitures mécaniques et de leurs propriétés sont importants pour leur longévité. Pour éviter l'usure ou les déformations des faces pendant le fonctionnement, il est souhaitable que, les matériaux constituant les faces en contact avec le fluide à étancher offrent:

- une bonne résistance aux températures sans perdre de façon significative leurs caractéristiques ni se détériorer dans le temps.
- des caractéristiques mécaniques suffisantes pour résister aux contraintes générées par les conditions de service (pression, vitesse).
- une capacité à résister à toute attaque chimique.

Les matériaux souvent utilisés sont des matériaux carbonés et les plus usuels dans les garnitures mécaniques sont : le Carbone graphite (C) imprégnation métal ou résine, le carbure de silicium (SiC), le Carbure de Tungstène (WC) et la Fonte Ni-résist (F). Le choix de couple matériaux peut influencer les performances de la garniture.

Forces agissant sur les composants de la garniture dans la direction axiale

En considérant le régime stationnaire, les différentes forces pouvant s'exercer sur l'élément flottant sont représentées ci-dessous (figure introduction 7). La force d'ouverture est celle qui tend à écarter les faces de la garniture. Elle est définie par l'intégrale du champ de pression dans l'interface.

$$F_{ouv} = \int_{R_{int}}^{R_{ext}} \int_{0}^{2\pi} p \, r \, dr \, d\theta = \pi \left(R_{ext}^2 - R_{int}^2 \right) p_{moy} \qquad (i.\,1)$$

Avec P_{moy} pression moyenne des forces pressantes dans le contact.

La force exercée par le ressort, le joint secondaire et le fluide sous pression constitue la force de fermeture. Celle-ci tend à maintenir le rotor et le stator en contact.

$$F_{fem} = \pi(R_{ext}^2 - R_h^2)p_{ext} + \pi(R_h^2 - R_{int}^2)p_{int} + F_{res} + F_{sec} \quad (i.\,2)$$

Nous supposons dans la suite que, la charge appliquée au niveau des ressorts F_{res} et celle exercée par le joint torique F_{sec} sont négligeables (F_{res}= F_{sec}=0). Pour établir un équilibre pendant le fonctionnement de la garniture, la force de fermeture doit être égale à la force d'ouverture.

$$\pi(R_{ext}^2 - R_{int}^2)p_{moy} = \pi(R_{ext}^2 - R_h^2)p_{ext} + \pi(R_h^2 - R_{int}^2)p_{int} \quad (i.\,3)$$

Lorsque la pression du fluide à étancher augmente, la force de fermeture maintenant les deux faces en contact augmente également. En faisant varier le rayon hydraulique R_h, on peut atténuer (ou accentuer) l'influence de la pression sur la valeur de la force de fermeture qui s'applique aux faces de frottement. On définit ainsi un coefficient B_h, appelé coefficient de compensation tel que :

$$B_h = \frac{R_{ext}^2 - R_h^2}{R_{ext}^2 - R_{int}^2} = \frac{S_h}{S} \quad (i.\,4)$$

Le rayon hydraulique est choisi tel que $R_{int} < R_h < R_{ext}$. Les valeurs du coefficient d'équilibrage sont bornées:

$$0.5 < B_h \leq 1 \quad (i.\,5)$$

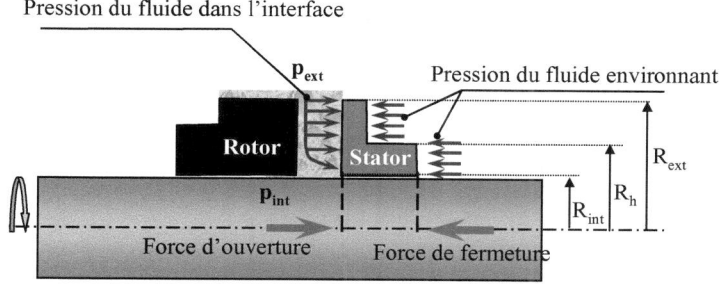

Figure Introduction 7: Forces agissant sur les éléments de la garniture mécanique

Problématique

Les garnitures mécaniques fonctionnent avec des épaisseurs de film très minces. Ce qui conduit à un contact partiel des aspérités, mais aussi à une interaction entre les rugosités et l'écoulement. Il y a donc lieu de caractériser les surfaces et de modéliser l'écoulement entre surfaces rugueuses. Les travaux relatifs à ces problèmes n'ont cessé d'évoluer, grâce à la modélisation des phénomènes mis en jeu pendant le fonctionnement. Dans la récente étude de Minet [7], un modèle de lubrification mixte dans les garnitures mécaniques a été réalisé au travers d'une approche **"déterministe"**. Celle-ci est basée sur une description réaliste des phénomènes de la lubrification, en intégrant des surfaces rugueuses numériquement générées. Cette approche dite déterministe sera constamment évoquée au cours de cette étude.

L'étude que nous allons développer s'inscrit dans la continuité des travaux de Minet engagés dans le cadre d'un partenariat avec le CETIM. L'objectif est de concevoir un code de calcul opérationnel en vue de simuler le comportement des garnitures mécaniques d'une part, et d'autre part d'optimiser leur conception et leur utilisation. Au travers d'une approche multi-échelles, nous cherchons, d'abord, à rendre plus robuste le modèle existant et à diminuer le temps de calcul. Ensuite, nous prendrons en compte le comportement thermique ainsi que les déformations associées, ce qui, jusque-là, était négligé.

Structure du mémoire

Ce travail est constitué de quatre chapitres où seront développés les différents objectifs fixés.

Le premier chapitre est consacré à l'étude bibliographique. Plusieurs thématiques sont abordées en commençant par la lubrification des surfaces. Ensuite un aperçu est donné sur les études théoriques et les modélisations numériques de la lubrification mixte entre les surfaces rugueuses. En s'appuyant sur l'analyse des principales approches de modélisation, nous essayons de montrer la nécessité de développer une approche multi-échelles pour résoudre le problème de lubrification mixte dans les garnitures mécaniques. Une autre partie de cette bibliographie est dédiée au comportement thermique des garnitures mécaniques.

Le deuxième chapitre présente la modélisation numérique de la lubrification mixte isotherme dans les garnitures mécaniques d'étanchéité. Une analyse des paramètres caractéristiques de surfaces est réalisée à partir des mesures des surfaces réelles. Ensuite, la modélisation des écoulements de films minces en régime isotherme, sur une section angulaire de l'interface est présentée. L'équation de Reynolds est formulée en tenant compte de la cavitation. Le modèle de contact quant à lui, est basé sur la théorie de Hertz. Le modèle de lubrification mixte basée sur une méthode multi-échelles est présenté en détail. Cette dernière consiste à découper le domaine d'étude en plusieurs sous-domaines, reliés entre eux par une équation « macroscopique », ce qui a permis d'utiliser la technique de calcul parallèle. Le modèle développé est ensuite validé par comparaison avec une solution analytique, d'une part, et avec le modèle déterministe [7], d'autre part. Enfin une évaluation des performances du modèle montre que ce dernier permet de réduire fortement le temps d'exécution du programme.

Le troisième chapitre est consacré à la modélisation du comportement thermique des garnitures mécaniques. Dans un premier temps, les transferts de chaleur dans l'interface sont considérés en supposant que, le flux dissipé par frottement est entièrement transmis aux anneaux par conduction. Ensuite, les équations de la chaleur et de Lamé-Navier sont présentées. Leur résolution a permis de déterminer les champs de température et les déformations associées. Le modèle est validé par comparaison avec un modèle **T**hermo-**E**lasto-**H**ydro-**D**ynamique (TEHD) pour le cas des faces lisses et parallèles. Ensuite, l'influence des effets thermiques sur la lubrification mixte est analysée. Une dernière partie de ce chapitre est consacrée à la caractérisation des régimes de lubrification.

Le quatrième chapitre, quant à lui, présente une étude paramétrique réalisée à partir du modèle de lubrification mixte en régime non isotherme (TEHD). Cette étude permet de caractériser l'influence de différents paramètres géométriques et des conditions de fonctionnement sur le comportement d'une garniture mécanique. Enfin, une généralisation des résultats est proposée à l'aide de nombres sans dimension.

Nous terminerons cette étude en faisant une récapitulation des principaux résultats obtenus, et en proposant les diverses perspectives de développement.

CHAPITRE I

1 Etude Bibliographique

Cette revue bibliographique a pour objectif de présenter les études théoriques et expérimentales, relatives à la modélisation de la lubrification et des effets thermiques dans les garnitures mécaniques d'étanchéité.

La modélisation de la lubrification mixte, en tenant compte du contact entre les aspérités, est présentée. Elle est abordée par trois approches différentes: la première est basée sur une considération statistique des paramètres (approche stochastique), la deuxième quant à elle, fait appel à une description précise des surfaces mises en jeu (approche déterministe) et enfin une approche dite d'homogénéisation dont le principe consiste à segmenter le problème sur deux échelles. En plus de ces approches, nous présenterons une technique intermédiaire dite "multi-échelles". Cette dernière est souvent utilisée pour modéliser les écoulements dans les milieux poreux, le transport des polluants ou encore les matériaux composites.

On s'attachera ensuite à mettre en évidence l'influence des phénomènes thermiques en lubrification. Nous nous attarderons sur les modèles décrivant le comportement thermique des garnitures mécaniques.

1.1 Lubrification des surfaces
1.1.1 Surfaces des garnitures mécaniques

La lubrification des faces de frottement des garnitures mécaniques dépend de leur géométrie. Cette dernière détermine la répartition du champ de pression développé dans le film lubrifiant ainsi que le débit de fuite. Les surfaces des garnitures mécaniques sont souvent rectifiées, rodées et polies après usinage (fabrication). Elles présentent une forme parfaitement plane, permettant d'assurer une bonne étanchéité. Ce degré de planéité obtenue lors de la fabrication est contrôlé à l'aide d'un interféromètre à lumière monochromatique [8]. Ces surfaces peuvent aussi présenter des défauts d'origines mécaniques et thermiques. Ces défauts sont souvent du même ordre de grandeur que l'épaisseur de film, et peuvent avoir un effet non négligeable sur le comportement de la garniture. Pour Lebeck [9] ces défauts peuvent être classés en deux types, la conicité et l'ondulation (Figure1.1).

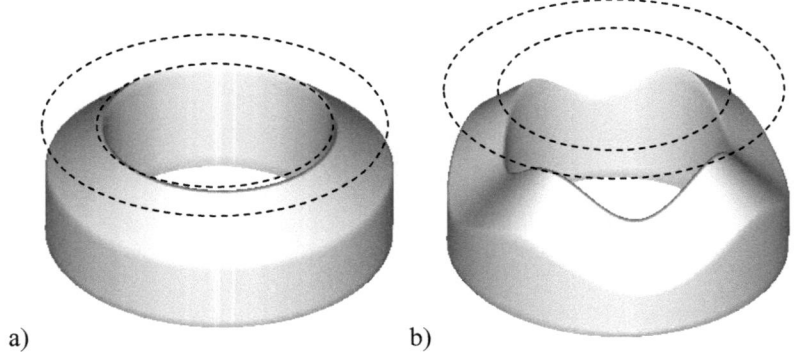

a) b)

Figure 1.1: Défaut de formes de surfaces :a) conicité b) conicité +ondulation

Mais en fonction de leurs amplitudes, nous proposons un classement des défauts géométriques sur différents niveaux : la conicité, le mésalignements et les encoches (avec des profondeurs de l'ordre de 0,5 mm) sont classés comme les défauts de 1er ordre (> 10 microns). Les ondulations sont du 2nd ordre (~ micron) et enfin les défauts 3ème et 4ème ordre sont des rugosités (~ 0,1 micron) et les textures. Les rugosités et la conicité sont les types de défaut auxquels nous nous intéresserons dans le cadre de cette étude.

Les figures 1.2 et 1.3 montrent l'état de surface d'une garniture mécanique et un profil extrait d'un plan de coupe. Cette surface est mesurée sur un anneau neuf en carbone.

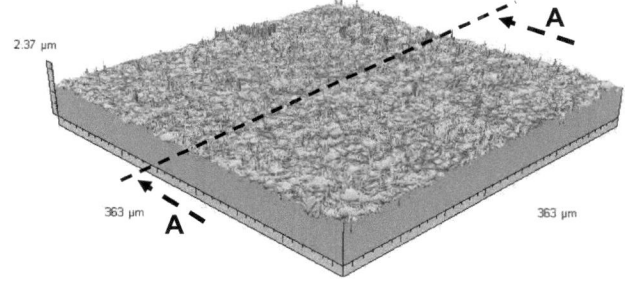

Figure 1.2: Etat de surface d'une face en carbone de garniture mécanique

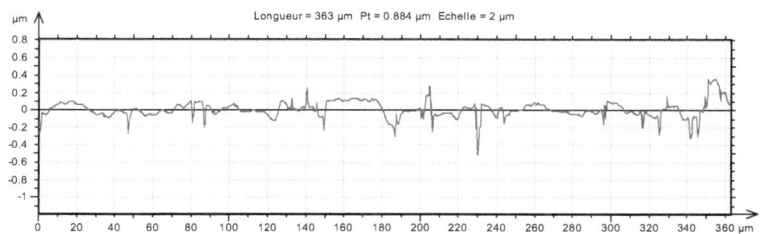

Figure 1.3: Profil de rugosité extrait du plan de coupe (A-A)

1.1.2 Les régimes de lubrification

L'histoire nous apprend que, jusqu'à la fin du 19ème siècle, les phénomènes de lubrification et de frottement étaient encore mal compris. En 1902, l'évolution du coefficient de frottement, en fonction de la vitesse du déplacement d'un solide a été représentée par la courbe de Stribeck [10]. Cette courbe souvent utilisée en tribologie (Figure 1.4), montre la variation du coefficient de frottement en fonction d'un nombre sans dimension. Dans les garnitures mécaniques il est commode d'utiliser le paramètre G:.

$$G = \mu \frac{\Delta R \, \omega R_{moy}}{F_{ferm}} \qquad (1.1)$$

Dans cette expression N est la vitesse de déplacement, µ la viscosité et F la force supportée par le contact. La courbe de Stribeck est divisée en trois zones: une zone de lubrification limite, une zone de lubrification mixte et une zone de lubrification hydrodynamique.

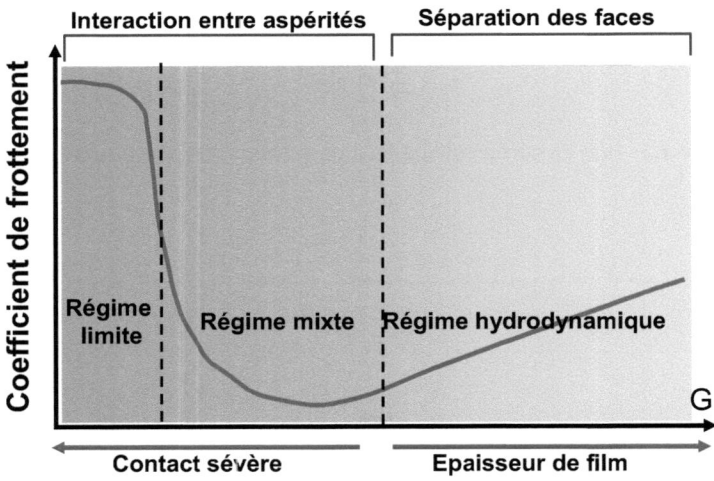

Figure 1.4: Exemple de courbe de Stribeck

La lubrification limite

Le régime de lubrification limite est caractérisé par le fait que la charge est essentiellement supportée par les aspérités en contact. Ces aspérités sont recouvertes d'un film adsorbé, assurant la séparation des surfaces. Ce dernier est constamment rompu lorsque les aspérités entrent en contact, ce qui peut entraîner l'usure rapide des mécanismes. Le frottement et l'usure sont ainsi déterminés par les propriétés des surfaces en mouvement. Ce régime de lubrification est inhabituel dans le fonctionnement des garnitures mécaniques et sort du cadre de notre étude.

La lubrification mixte

En régime de lubrification mixte, on observe l'apparition des zones de lubrification hydrodynamique [7]. Mais celles-ci ne génèrent pas suffisamment de force pour créer un film dont l'épaisseur soit grande devant la taille des rugosités des surfaces. En conséquence, les surfaces restent en contact sur une partie des aspérités qui supportent ainsi une partie de la charge appliquée sur l'interface. Quelques mesures de coefficient de frottement ont été réalisées sur des garnitures mécaniques, par le passé. Au travers de telles mesures, Summer-Smith [11] par exemple a pu identifier les zones de lubrification mixte et hydrodynamique dans une garniture mécanique. Des résultats similaires [12,13] ont permis de conclure que, les garnitures fonctionnent en régime mixte ou hydrodynamique.

La lubrification hydrodynamique

En lubrification hydrodynamique, l'épaisseur de film est suffisamment grande, pour que l'effet des rugosités soit négligeable. L'écoulement, dans ce type de régime, peut être modélisé par l'équation de Reynolds. Cette équation permet, de déterminer le champ de pression dans le film fluide. Nau [14] a constaté, à la lumière d'une analyse théorique et de résultats expérimentaux, que le régime hydrodynamique conduit à une séparation des surfaces de frottement. Selon l'auteur, la portance hydrodynamique, à l'origine de cette séparation des faces, peut être générée par des ondulations des surfaces, les rugosités ou des vibrations. On distinguera la génération de portance hydrodynamique, due au mouvement relatif des faces de la génération de portance hydrostatique due au gradient de pression radial.

1.1.3 Conclusion

Ce paragraphe a été consacré à la lubrification des surfaces. Il a permis de présenter les différents régimes de lubrification rencontrés dans les mécanismes et plus particulièrement dans les garnitures mécaniques. Nous avons identifié que les garnitures fonctionnent en régime mixte ou hydrodynamique. Nous pouvons maintenant nous intéresser à la modélisation de la lubrification mixte et au contact des aspérités.

1.2 Modélisation du contact rugueux

La caractérisation du contact entre deux surfaces rugueuses est indispensable pour étudier les problèmes de lubrification mixte. L'étude du contact entre aspérités peut être abordée par deux méthodes: stochastique et déterministe.

1.2.1 Méthodes stochastiques de contact

Dans la littérature, plusieurs modèles probabilistes du comportement mécanique du contact entre surfaces rugueuses ont été proposés. Certains de ces modèles supposent que les aspérités peuvent être représentées par des formes sphériques, coniques ou ellipsoïdales. Selon les modèles, les aspérités peuvent subir des déformations plastiques, élastiques et élastoplastiques. Il existe un nombre important de modèles sur les contacts rugueux mais, la revue bibliographique présentée dans la suite sera limitée au modèle de contact le plus utilisé: le contact entre une surface plane et des sommets d'aspérités sphériques de rayon constant.

Le modèle le plus connu est celui, proposé par Greenwood et Wiliamson en 1966 **[15]** (dans la suite noté GW). Dans ce modèle, les sommets des aspérités, répartis aléatoirement sur un plan moyen, est représenté par des hémisphères de même rayon. Les hauteurs des sommets des aspérités sont des quantités aléatoires suivant une distribution Gaussienne. Ce modèle classique est basé sur la solution d'Hertz pour une seule aspérité sphérique et élastique (figure 1.5). Les relations de l'aire réelle de contact et de la charge, en fonction de la séparation des surfaces moyenne, ont été établies. Les auteurs ont identifié l'apparition de déformation plastique, en introduisant un nouveau paramètre, l'indice de plasticité du contact, qui permet d'évaluer l'étendue relative de la zone plastifiée. Cet indice combine les propriétés du matériau et de la topographie des solides en contact.

$$\psi = \frac{E_{eq}}{H_d}\sqrt{\frac{\sigma_s}{r}} \qquad (1.2)$$

H_d, E_{eq}, r et σ_s sont respectivement la dureté, le module de Young équivalent, le rayon d'aspérité et l'écart-type des hauteurs des sommets. Ce modèle, est adapté à la prédiction du comportement élastique des surfaces en contact, et continue à être utilisé de nos jours. Il a été plusieurs fois amélioré pour prendre en compte d'autres formes d'aspérités **[16-20]**.

Ishigaki et Kawaguchi **[21]** ont développé un modèle de contacts mécaniques, avec des déformations de type élastoplastique entre une aspérité et une surface plane. Woo et Thomas **[22]** ont, quant à eux, fait un inventaire sur les essais de contact rugueux. Ils remarquent que, les différentes études expérimentales s'accordent sur quelques aspects :

- l'aire réelle de contact et le nombre des microcontacts augmentent avec la charge.

- la distribution des dimensions des contacts est approximativement une fonction logarithmique

- la densité et les dimensions moyennes des microcontacts pour une même charge peuvent varier d'une surface à une autre.

McCool **[23]** établit une comparaison numérique entre le modèle de contact de GW et deux autres modèles généraux pour les surfaces isotropes et anisotrope. Il a confirmé le fait que, le modèle de GW donne des valeurs pertinentes pour le nombre d'aspérités en contact, l'aire réelle de contact et la pression moyenne de contact. Un autre modèle souvent utilisé dans la modélisation stochastique des contacts est celui de Chang, Etsion et Bogy (noté dans la suite CEB) **[24]**. Ce modèle est basé sur le contact élastoplastique des aspérités, et peut aussi être appliqué aux contacts modérément chargés. La déformation des aspérités est élastique et plastique. On considère que, l'aspérité reste dans le domaine élastique jusqu'à une valeur critique de l'interférence, au-delà de laquelle la conservation du volume de l'extrémité de l'aspérité est imposée. Les auteurs supposent alors que la pression moyenne de contact reste constante. Avec ce modèle, il existe une discontinuité de la charge de contact pendant la transition du régime élastique au régime élastoplastique. On retrouve également d'autres modèles de microcontact élastoplastique entre deux surfaces **[25]**, **[26]**.

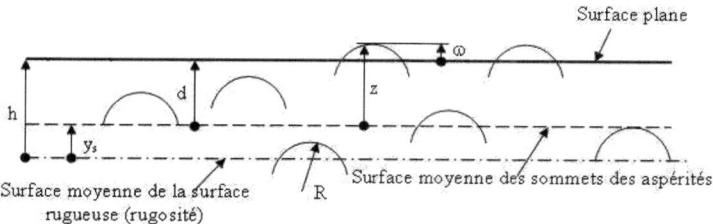

Figure 1.5: Modèle de contact des aspérités GW [15]

Kogut et Etsion **[27, 28]** ont effectué une analyse précise du contact sans frottement d'une sphère sur un plan rigide à l'aide de la méthode des éléments finis. Ils ont établi que l'évolution du contact élastoplastique peut se diviser en trois principales étapes, selon la valeur (croissante) du rapport entre l'interférence réelle et l'interférence critique de déformation élastique: aire de contact élastique avec une amorce de plasticité sous la surface de contact, aire de contact élastoplastique, aire de contact entièrement plastique. Ce modèle offre des formules adimensionnées de l'aire et la charge du contact, et de la pression de contact moyenne. Elles ont été écrites pour plusieurs valeurs d'interférence. Cette étude a permis aux auteurs d'évaluer l'aire totale et la charge totale de contact dans le cas de deux surfaces en contact.

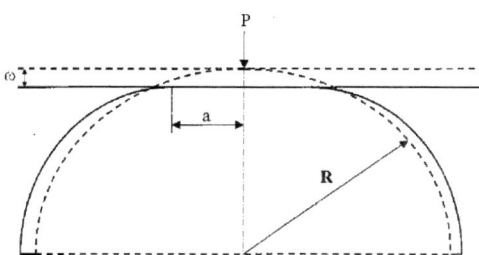

Figure 1.6: Déformation d'une sphère par un plan rigide [26]

1.2.2 Méthodes déterministes de contact

L'approche déterministe consiste à décrire de manière plus réaliste la géométrie des surfaces. Elle utilise une hypothèse simplificatrice, souvent rencontré dans les modèles stochastiques. Cette dernière, consiste à étudier un contact « équivalent » entre une surface rugueuse et une surface lisse. Le problème de contact est résolu de deux manières : la première consiste à déterminer le déplacement et la pression de contacts locaux, connaissant la distance de séparation des plans moyens des surfaces. Pour la deuxième, c'est l'inverse on calcule d'abord la pression de contact connaissant la charge appliquée, après on détermine le champ de déplacements. Tian et Bhusham [29] ont traité le problème de contact élastique et élastoplastiques par une méthode basée sur le principe variationnel. Cette méthode initiée par Kalker et Van Randen [30], consiste à déterminer le champ de contraintes à partir des déformations.

La résolution des problèmes de contact a connu des évolutions notables par le développement successif de diverses méthodes numériques. La méthode des résidus pondérés par exemple a été employée pour trouver un compromis entre le temps et la précision de calcul [31]. Elle consiste à évaluer le résidu entre une valeur initiale de la pression de contact et la solution à obtenir. Lorsque le critère sur le résidu est atteint, la pression de contact obtenue permet de remonter au champ de contraintes dans les solides.

Une autre amélioration a été apportée, dans la résolution de l'équation reliant le déplacement à la pression de contact. Celle-ci est résumée dans l'expression:

$$u_i = M_{i,j}\, p_{cj} \qquad (1.3)$$

Dans cette équation, u est le vecteur déplacement, p_c la pression de contact et $M_{i,j}$ la matrice des coefficients d'influence. Ce système a d'abord été résolu au moyen de méthodes directes, lesquelles consistent à inverser la matrice des coefficients d'influence. Puisque le nombre d'éléments de celle-ci est égal au carré du nombre de nœuds du maillage, l'inversion n'est envisageable que si le domaine étudié est restreint. Il est donc utile de réduire la taille de la matrice $M_{i,j}$ aux seuls nœuds en contact. L'inversion est donc plus aisée à effectuer, mais il faut en revanche recalculer la matrice (et donc l'inverser à nouveau) à chaque modification de la zone de contact.

Allwood [32] a fait une comparaison de plusieurs approches pour la résolution du problème de contact. Il propose un algorithme optimal en termes de vitesse de convergence, de précision de calcul, et d'espace mémoire. Il trouve que la méthode directe reste efficace lorsqu'on a jusqu'à 2000 nœuds en contact. Dans les autres cas, ce sont alors les méthodes à intégration rapide qui s'avèrent les plus intéressantes, mais elles ne fournissent qu'une solution approchée. Il propose d'autres possibilités pour améliorer la résolution du système (1.3) par l'utilisation de la transformation de Fourier. Mais elle induit des erreurs importantes, puisque la pression de contact ne peut être exprimée comme une série infinie. Malgré les améliorations apportées en agrandissant les maillages [33], on constate que cette méthode est lourde en temps de calcul. Dobrica et al [34] ont utilisé la méthode multigrilles pour le calcul des déplacements : une grille fine dans le voisinage immédiat des nœuds chargés et, dans les zones éloignées du point de contact, une discrétisation grossière fournissant des résultats en bon accord avec ceux que donnerait le maillage fin. Cette méthode a permis aux auteurs de gagner considérablement le temps de calcul. Le choix du degré de raffinement est un compromis entre l'espace mémoire disponible, la taille de la matrice de compliance (code éléments finis) et le niveau de précision acceptable.

1.2.3 Conclusion

Quelques modèles de contact et les approches utilisées pour les traiter ont été présentés. L'approche stochastique utilise une distribution gaussienne des hauteurs de rugosités, avec une hypothèse qui consiste à dire que, les rugosités n'interagissent pas entre elles. En d'autres termes, on peut étudier le cas d'une seule rugosité, ensuite le reproduire pour un nombre défini d'aspérité. Ainsi, la charge totale de contact est définie comme la somme des charges supportées par toutes les aspérités de la surface. Les études déterministes visant à décrire le phénomène de manière réaliste se heurtent aux problèmes de modèle mathématique qui, conduit à des modèles numériques très lourds en temps calcul et espace mémoire.

Malgré les difficultés rencontrées avec l'approche déterministe, celle-ci reste assez efficace pour modéliser le problème de contact dans les garnitures mécaniques. On peut tout de même tirer bénéfice de la méthode stochastique pour le calcul de la charge de contact.

1.3 Modélisation de la lubrification entre les surfaces rugueuses

Dans la théorie de la lubrification, les écoulements en film mince sont généralement modélisés par l'équation de Reynolds. Cette équation est obtenue à partir des équations de Navier Stokes.

La première préoccupation dans la modélisation de l'écoulement entre des surfaces rugueuses, est la prise en compte des rugosités de surface. Les pionniers dans ce domaine s'étaient intéressés à la forme de la micro géométrie des surfaces. Ils ont classé les rugosités selon qu'elles sont orientées transversalement, longitudinalement ou de manière isotrope. A partir de ce classement, l'une des méthodes utilisées pour modéliser l'écoulement, est l'approche stochastique. Cette approche considère les rugosités par une représentation statistique. Une autre manière de modéliser l'écoulement entre les surfaces rugueuses est d'utiliser l'approche déterministe. Cette dernière consiste à reproduire aussi fidèlement que possible la géométrie et la répartition des rugosités. Il existe également l'approche d'homogénéisation, dont le principe est basé sur la décomposition du problème en deux échelles : une locale et périodique et l'autre globale.

Nous allons examiner ces différentes approches de modélisation, afin de dégager leurs avantages et inconvénients.

1.3.1 Approche stochastique

L'approche stochastique est sûrement l'une des plus anciennes méthodes, utilisées pour modéliser l'écoulement entre les surfaces rugueuses. Ce concept qui remonte aux travaux de Tzeng et Saibel [35] dans les années 1960, a été appliqué dans un premier temps au régime d'écoulement hydrodynamique. Les auteurs ont étudié l'effet des rugosités des surfaces sur la portance et la force de frottement d'un patin. Ils ont considéré les rugosités transversales et unidimensionnelles. Le modèle est repris par Christensen [36] et plus tard par Christensen et Tonder [37,38] qui ont développé une équation de Reynolds moyennée stochastique pour étudier la lubrification hydrodynamique d'un palier. Le problème est traité en considérant une rugosité transversale ou longitudinale. On trouve également les travaux d'Elrod **[39]**, de Rhow et Elrod **[40]**, puis de Chow et Cheng **[41]**, qui ont étudié les effets des rugosités (avec différentes orientations) sur la portance hydrodynamique d'un palier. Ce modèle de lubrification hydrodynamique des surfaces rugueuses est plusieurs fois modifié et appliqué à différents problèmes.

En s'intéressant à la physique du problème de lubrification entre surfaces rugueuses, Patir et Cheng ont proposé **[42, 43]** une méthode innovante. Ils ont modifié l'équation de Reynolds en introduisant trois termes appelés 'facteur d'écoulement:

$$\frac{\partial}{\partial x}\left[\phi_x \frac{\rho \overline{h}^3}{12\mu}\frac{\partial \overline{p}}{\partial x}\right]+\frac{\partial}{\partial y}\left[\phi_y \frac{\rho \overline{h}^3}{12\mu}\frac{\partial \overline{p}}{\partial y}\right]=\frac{V_{x1}+V_{x2}}{2}\frac{\partial \overline{h}}{\partial x}+\frac{V_{x1}-V_{x2}}{2}Sq\frac{\partial \phi_s}{\partial x}+\frac{\partial \overline{h}}{\partial t} \quad (1.4)$$

Les deux premiers facteurs d'écoulement (ϕ_x, ϕ_y) prennent en compte l'effet de la rugosité en comparant le débit moyen entre deux surfaces rugueuses à celui obtenu avec deux surfaces lisses ayant la même distance moyenne. Le troisième facteur (ϕ_s) est le facteur de cisaillement. Il définit le débit dû au glissement à l'intérieur d'un contact rugueux. Les facteurs d'écoulement (ϕ_x, ϕ_y, ϕ_s) sont calculés par comparaison avec une résolution déterministe sur une aire très petite, pour des conditions géométriques particulières **[43]**. Ils sont exprimés en fonction de deux paramètres : le rapport entre l'épaisseur de film nominale (h) et l'écart-type de la rugosité S_q, et le paramètre d'orientation de rugosité (γ). Selon Peklenik **[44]**, si $\lambda_{0,5}$ est la longueur pour laquelle la valeur de la Fonction d'AutoCorrélation (FAC) dans une direction est réduite de 50% par rapport à sa valeur initiale, alors γ est défini comme le rapport des longueurs $\lambda_{0,5}$ pour les directions x et y.

$$\gamma = \frac{\lambda_{0.5x}}{\lambda_{0.5y}} \qquad (1.5)$$

La rugosité est considérée transversale si la valeur de γ est inférieure à 1, isotrope si elle vaut 1 et longitudinale si elle est supérieur à 1. Une représentation est donnée sur la figure 1.7

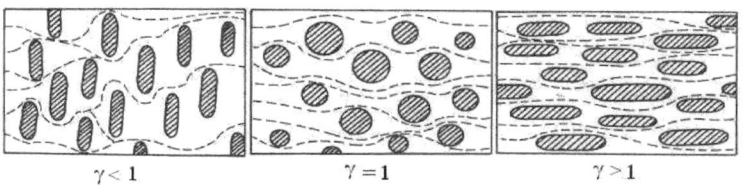

Figure 1.7: Orientations des rugosités [43]

Les facteurs d'écoulement sont quant à eux exprimés comme suit :

$$\phi_x\left(\frac{h}{S_q}, \gamma\right) = 1 - C\exp\left(-\frac{h}{S_q}s\right) \qquad \gamma \leq 1$$
$$\phi_x\left(\frac{h}{S_q}, \gamma\right) = 1 - C\frac{h}{S_q}^{-s} \qquad \gamma > 1 \qquad (1.6)$$

Le facteur suivant y est déduit de ϕ_x :

$$\phi_y\left(\frac{h}{S_q}, \gamma\right) = \phi_x\left(\frac{h}{S_q}, \frac{1}{\gamma}\right) \qquad (1.7)$$

Les paramètres C et s sont des constantes, déterminées par les auteurs par régression des résultats déterministe. Le facteur de cisaillement ϕ_s est exprimé en considérant un contact en glissement.

$$\begin{cases} \phi_s\left(\dfrac{h}{S_q},\gamma\right) = B_1\left(\dfrac{h}{S_q}\right)^{\alpha_1}\exp\left(\alpha_2\left(\dfrac{h}{S_q}\right)^2 - \alpha_2\dfrac{h}{S_q}\right) & \dfrac{h}{S_q} \leq 5 \\ \\ \phi_s\left(\dfrac{h}{S_q},\gamma\right) = B_2\exp\left(0.25\dfrac{h}{S_q}\right) & \dfrac{h}{S_q} > 5 \end{cases} \qquad (1.8)$$

Les constantes B_i et les exposants α_i ont aussi été déterminés par les auteurs pour différentes valeurs de γ. Selon eux, les effets de la rugosité commencent à intervenir lorsque $h/S_q \leq 3$ et le contact intervient pour des valeurs inférieures. En revanche, lorsque $h/S_q \gg 3$ la théorie des surfaces lisses apparaît suffisamment précise pour résoudre le problème : les coefficients ϕ_x et ϕ_y tendent alors vers 1 et le coefficient ϕ_s vers 0.

La méthode des facteurs d'écoulement a été reprise dans plusieurs travaux. Tripp [45] a proposé un développement asymptotique en utilisant une fonction de Green pour calculer les facteurs d'écoulement. Ses résultats sont assez proches de ceux obtenus par Partir et Cheng En 1986, Tonder [46] a montré que l'expression des facteurs d'écoulement dépend du type de fonction d'autocorrélation utilisé.

Lebeck a passé en revue les études expérimentales sur le régime de lubrification mixte entre deux surfaces parallèles dont l'une est en mouvement [47, 48]. Il constate dans un premier temps que le frottement diminue, ce qui correspond à un déchargement progressif des aspérités en contact lorsque le paramètre de service (G) augmente. Puis, lorsque les faces sont séparées, le coefficient de frottement augmente à nouveau avec G. L'auteur s'intéresse à l'origine de la force hydrodynamique qui permet de séparer les faces. Selon lui, les faces se séparent quel que soit le sens du mouvement ce qui élimine la possibilité d'une inclinaison initiale. Il développe ensuite plusieurs modèles qu'il compare à certains résultats expérimentaux. Il montre que les mécanismes proposés dans ces modèles (coin visqueux, écrasement ...etc.) fonctionnent dans des cas particuliers qui ne sont pas forcément ceux rencontrés lors des expériences. Il indique toutefois que, ces mécanismes ne sont pas suffisants pour expliquer le comportement observé.

Hu et Zheng [49] se sont intéressé à l'incertitude dans le calcul des facteurs d'écoulement en comparant les résultats des études présentées précédemment au modèle Patir et Cheng. Les auteurs ont trouvé raisonnable les conditions aux limites sur le gradient de pression, imposées par Patir et Cheng. Ils ont montré que, la différence entre les modèles (Tripp et Patir et Cheng) résulte des surfaces employées, en plus des diverses conditions aux limites retenues.

En 2001, Harp et Salant [50] ont quant à eux introduit un quatrième facteur d'écoulement pour inclure l'effet de la micro cavitation au sein du contact rugueux. Ce coefficient représente la diminution de la densité du fluide au sein des zones de rupture du film pouvant apparaître dans les creux de la surface rugueuse. Ces effets affectent le débit dans la direction de l'écoulement ainsi que la quantité de fluide contenue dans le volume de contrôle. Les auteurs ont réécrit les trois autres facteurs d'écoulement en fonction de l'indice de cavitation. Ces derniers dépendent de la viscosité du fluide, de la pression, de la vitesse de glissement des surfaces et des caractéristiques de la rugosité. Les facteurs d'écoulement (ϕ_x, ϕ_y) ainsi obtenus sont cependant très peu différents de ceux de Patir et Cheng.

En 2007, Kim et Cho [51] ont développé un modèle au moyen des facteurs d'écoulement en considérant les déformations élastiques des aspérités. Ils ont constaté que, pour une valeur de pression donnée, l'épaisseur de film augmente avec les hauteurs de rugosités du patin.

Lorsqu'on considère une garniture avec les faces parallèles, l'équation (1.4) s'exprime :

$$\frac{\partial}{\partial x}\left[\phi_x \frac{\rho \overline{h}^3}{12\mu} \frac{\partial \overline{p}}{\partial x}\right] + \frac{\partial}{\partial y}\left[\phi_y \frac{\rho \overline{h}^3}{12\mu} \frac{\partial \overline{p}}{\partial y}\right] = 0 \qquad (1.9)$$

Le second membre de cette équation étant nul, il n'y a pas de génération de portance hydrodynamique. Ceci montre que la méthode stochastique reste limitée pour ce type d'application.

1.3.2 Approche déterministe

Une autre façon de modéliser l'écoulement entre surface rugueuses, est d'utiliser l'approche déterministe. Elle consiste à prendre en compte de manière aussi réaliste que possible les surfaces rugueuses. Cette approche utilise l'équation de Reynolds sous sa forme usuelle. La rugosité est prise en compte dans l'épaisseur de film. Cette approche est souvent rencontrée dans la modélisation de contact de faible étendu de type ElastoHydroDynamique (EHD), en raison du maillage très fin utilisé pour discrétiser le domaine d'étude.

En 1990, Sadeghi et Sui [52] se sont intéressés au problème de lubrification ElastoHydroDynamique (EHD) des surfaces rugueuses en mouvement (cas d'un cylindre et patin rugueux), en négligeant les effets transitoires. L'équation de Reynolds non isotherme a été utilisée pour déterminer la pression. L'amplitude des aspérités et les rayons de courbure ont été pris en compte dans l'épaisseur de film. Il en résulte que, les rugosités de surface influencent fortement le champ de pression d'une part, et que d'autre part, l'augmentation de l'amplitude des rugosités conduit à une augmentation du coefficient de frottement. L'influence des rugosités des surfaces sur la pression et l'épaisseur de film, dans un contact linéique a également été examinée par Venner et Napel [53], Lubrecht et al [54] et Ai et Cheng [55]. Ils se sont intéressés au contact linéique de type hertzien, et aux effets dus aux mouvements des surfaces. Les résultats obtenus montrent l'augmentation de l'épaisseur de film due aux déformations des aspérités. Lorsque la surface rugueuse est en mouvement ses déformations élastiques augmentent avec la vitesse.

Dans les travaux de Jiang et al [56], les auteurs se sont intéressés à la lubrification mixte EHD. L'équation de Reynolds est appliquée uniquement dans les zones lubrifiées (figure 1.8). Une méthode de résolution basée sur la Transformée de Fourier Rapide (TFR) est utilisée pour calculer les déplacements de surface et la pression dans les zones de contact. La méthode multigrilles pour le calcul de pression a été associée à cette dernière pour accélérer le temps de calcul.

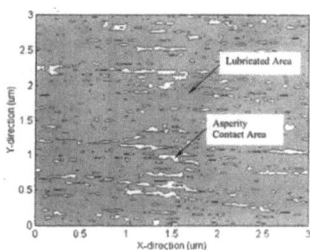

Figure 1.8: Vue d'une zone lubrifiée avec les points de microcontact [56]

Wang et al [57] ont proposé une approche dit « Micro-Macro », où l'écoulement est traité sur l'échelle macroscopique, au moyen des facteurs d'écoulement de Patir et Cheng. Le contact entre aspérités (figure 1.9) est calculé à l'échelle microscopique au moyen d'une approche déterministe. Les résultats obtenus sont assez proche du modèle EHD mixte de Zhu et Hu [58].

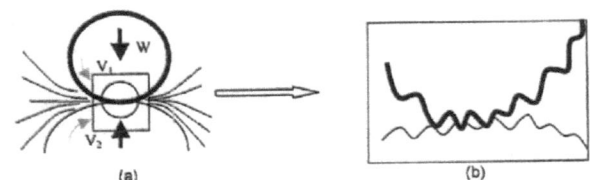

Figure 1.9: Description du problème EHD mixte : contact lubrifié et interaction des aspérités [57]

En 2006, Dobrica et al [59] ont fait une étude déterministe de la lubrification mixte, dans le cas de paliers hydrodynamiques partiels. Ce type de palier est généralement très chargé et les surfaces de contacts sont parfois grandes. Ils ont utilisé un système de maillage à plusieurs niveaux pour calculer les déplacements. Les auteurs présentent une comparaison entre leur modèle déterministe et le modèle stochastique proposé par Patir et Cheng, pour les régimes hydrodynamique et élastohydrodynamique. Ils ont constaté que le modèle de Patir et Cheng sous-estimait les effets introduits par les rugosités, tout en suivant les tendances du modèle déterministe.

1.3.3 Approche par homogénéisation

L'approche par homogénéisation est parfois utilisée pour la modélisation de l'écoulement entre les surfaces rugueuses. Le principe consiste à décomposer le problème en deux échelles: la première locale, avec une description fine des rugosités et, une deuxième globale décrivant le composant macroscopique. La résolution du problème global est faite à partir du calcul des coefficients déterminés à l'échelle locale.

Les techniques d'homogénéisation dans le domaine de la lubrification des surfaces rugueuses ont été initiées par Bayada et Chambat **[60]**. Ils ont écrit l'équation de Reynolds en décrivant la rugosité des surfaces par une équation dont l'amplitude est contrôlée par un petit paramètre périodique (un motif périodique de rugosité est utilisé). La technique également a été appliquée à un palier **[61]**. Kane a également utilisé cette méthode pour analyser l'influence des rugosités dans les contacts sévères lubrifiés **[62]**. Buscaglia et Jaï **[63]** ont appliqué l'approche par homogénéisation à un fluide compressible et ils ont conclu qu'elle est bien adaptée pour les surfaces présentant une rugosité anisotrope (Figure 1.10).

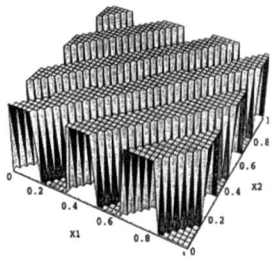

Figure 1.10: Patin avec une rugosité anisotrope

En 2002, Jaï et Bou-Said **[64]** se sont intéressés à la simulation du film d'air entre une tête de lecture et un disque dur. En s'inspirant du modèle précèdent **[63]**, ils ont proposé une résolution numérique puis, l'ont comparé avec une modèle stochastique. Les résultats du champ de pression montrent que les deux modèles sont en accord.

Dans les travaux Bayada et al. **[65]**, l'équation de Reynolds est reprise en intégrant le modèle de cavitation de Jackson-Flobert-Osbone (JFO). Les cas traités sont ceux où les rugosités sont orientées de manière transversale, longitudinale et oblique. Martin s'est intéressé à l'influence des rugosités dans les écoulements en présence de cavitation **[66]** mais, il a utilisé le modèle de cavitation d'Elrod-Adams.

Les différentes échelles (locale et globale) qui apparaissent dans les travaux présentés, donnent une dimension multi-échelles au problème d'écoulement. La modélisation de la lubrification dans les garnitures mécaniques peut aussi être abordée sur les mêmes bases. Mais, l'hypothèse qui consiste à décrire les rugosités par un motif périodique est assez restrictive. Une telle hypothèse ne permettrait pas d'avoir une représentation réaliste des rugosités observée sur les surfaces de garnitures mécaniques.

1.3.4 Conclusion

Dans ce paragraphe, les méthodes de modélisation de la lubrification mixte ont été présentées. L'approche stochastique reste assez limitée pour modéliser la lubrification mixte dans les garnitures mécaniques. Il est par exemple impossible avec cette méthode, de générer la portance lorsque les faces sont parallèles. Pour ce qui est de l'approche par homogénéisation, elle utilise une hypothèse qui ne semble pas être réaliste pour la représentation des rugosités.

Malgré le fait que, l'approche déterministe soit lourde en temps de calcul que les deux autres, elle est mieux adaptée pour modéliser la lubrification mixte dans les garnitures mécaniques.

1.4 Lubrification mixte dans les garnitures mécaniques

Dans la littérature, on trouve peu d'études consacrées particulièrement à la lubrification mixte dans les garnitures mécaniques. Nous avons néanmoins, pu en répertorier quelques-unes qui seront présentées dans ce paragraphe. Ces études abordent également la modélisation par deux approches: l'approche stochastique et l'approche déterministe.

1.4.1 Approche stochastique

L'étude du frottement mixte dans les garnitures a été initiée en 1979, par Lebeck **[12]**. Dans cette étude, la configuration de la garniture est axisymétrique, la pression est déterminée à l'aide du modèle Patir et Cheng **[43]** tandis que la charge de contact est calculée avec le modèle de Pullen et Williamson **[67]**. Les surfaces utilisées sont supposées rugueuses, isotropes et Gaussiennes. L'épaisseur de film inclut une composante d'usure dépendante de la vitesse de glissement et de la pression de contact moyenne. Lebeck a évalué l'influence de nombreux paramètres, sur les performances de la garniture. Il a prouvé que, contrairement au frottement, le débit de fuite était considérablement réduit en diminuant la hauteur des rugosités et (ou) la valeur de l'angle de conicité des faces. Une simulation en mode transitoire a montré qu'après seulement 100 heures, les surfaces étaient parallèles, quelles que soient les valeurs initiales de la conicité ou l'importance des distorsions thermiques. L'auteur a conclu que l'analyse d'une garniture avec les faces parallèles peut être suffisante pour étudier les effets à long terme des rugosités. Cette étude a été complétée en prenant en compte le changement de phase **[68]**.

Etsion et Front ont proposé un modèle qui s'intéresse aux performances d'une garniture mécanique en fonctionnement statique **[69]**. Le problème de contact a été traité par le modèle élastoplastique des aspérités de CEB, où la déformation des rugosités de surfaces de la garniture est prise en compte. Les auteurs se sont principalement intéressés à l'influence de la charge sur le débit de fuite et l'épaisseur de film adimensionnée en fonction de l'indice de plasticité (équation (1.2)) du contact. Les résultats obtenus avec le modèle numérique ont montré que la charge était principalement plastique.

Ruan et al. [70] ont réalisé un modèle stochastique de lubrification mixte pour une garniture mécanique en condition de fonctionnement hydrostatique. La méthode des coefficients d'influence a été utilisée pour calculer la déformation des faces ainsi que les transferts de chaleur. La configuration est axisymétrique et l'écoulement est décrit par le modèle de facteurs de débit de Patir et Cheng. Quelques résultats sont présentés pour les garnitures mécaniques à liquide et à gaz. L'effet des rugosités n'est analysé qu'en référence au paramètre d'orientation de rugosité.

En 1999, Lubbinge a présenté ses travaux de thèse sur le comportement isotherme d'une garniture mécanique [13]. Le contact élastique des aspérités est pris en compte avec le modèle de GW. La cavitation a été modélisée par un modèle conservatif. L'expression de l'épaisseur de film contient un coefficient d'ondulation sous la forme d'une fonction harmonique. Dans l'étude paramétrique, il a représenté les courbes de variation du coefficient de frottement en fonction de la vitesse de rotation. Il résulte de cette étude que, les paramètres les plus influents, sur l'évolution du frottement, sont la conicité des faces, la charge axiale, l'amplitude des ondulations et l'écart-type de la distribution des hauteurs des sommets d'aspérité. Les résultats obtenus avec le modèle numérique et ceux des données expérimentales sont assez proches pour certains régimes de lubrification.

Lebeck [71] a présenté un modèle numérique de garniture mécanique dont les faces sont alignées et fonctionnant en régime de lubrification mixte. La portance est estimée comme étant la somme de trois composantes de pression : hydrostatique, hydrodynamique et une autre supportée par les aspérités en contact. Les résultats ont été comparés avec des données expérimentales en analysant les avantages (concordance des valeurs) et les inconvénients (comportement en régime hydrodynamique) du modèle. Sur ce dernier point, l'auteur a ajouté à son modèle la prise en compte du mécanisme de génération de portance entre deux plaques planes parallèles dont l'une est en mouvement [47] par une méthode empirique.

Harp et Salant [72] ont modélisé la lubrification mixte dans les garnitures mécaniques par une approche stochastique basée sur les facteurs d'écoulement. Les auteurs ont utilisé un modèle de contact plastique. Les paramètres de performance (la pression, l'épaisseur de film, ... etc) sont calculés au moyen du modèle de Patir et Cheng en négligeant l'effet de cavitation entre-aspérités dans un premier temps, puis en prenant en compte le modèle de cavitation. Ils ont constaté que, la prise en compte de la cavitation entre aspérités dans un modèle de lubrification augmente la portance et affecte le débit de fuite comparativement au modèle sans cavitation.

En 2002, Green [73] a développé une modélisation du comportement dynamique transitoire d'une garniture mécanique d'étanchéité, en incluant le contact des aspérités dans les zones d'épaisseur minimale de film. L'écoulement est modélisé au moyen des facteurs d'écoulement de Patir et

Cheng, et le contact des aspérités est traité par le modèle de Greenwood et Williamson [15].

1.4.2 Approche déterministe

L'utilisation de l'approche déterministe dans la modélisation de la lubrification mixte des garnitures mécaniques est très récente. Les travaux que nous avons trouvés sont ceux de Minet [7] et Minet et al [74]. Les auteurs ont développé un modèle déterministe de lubrification mixte dans les garnitures mécaniques, en utilisant des surfaces numériquement générées. Le contact des aspérités est géré par un modèle élastique, basé sur la théorie d'Hertz. Ces études ont permis de montrer que les rugosités contribuent à la génération de portance hydrodynamique et conduisent à la séparation des surfaces de frottement à partir d'un certain seuil de vitesse. Cependant, les zones étudiées étant très petites, les résultats restent dépendants de la série aléatoire de nombres utilisée pour générer la surface rugueuse. C'est-à-dire que les deux surfaces ayant les mêmes caractéristiques statistiques peuvent conduire à des résultats différents

1.4.3 Conclusion

Nous venons de présenter deux approches de modélisation de la lubrification mixte dans les garnitures mécaniques. L'approche stochastique souvent utilisée est basée sur le modèle de facteurs d'écoulement. Cette dernière ne permet pas de simuler la génération de portance lorsque les faces de la garniture sont parallèles. L'approche déterministe présente l'avantage, de reproduire correctement l'effet des rugosités sur le fonctionnement de la garniture. Cependant, elle nécessite un temps de calcul assez long en raison du maillage très fin nécessaire à la description des rugosités.

1.5 Méthodes de calcul multi-échelles

Les méthodes multi-échelles sont utilisées pour modéliser les écoulements dans les milieux poreux, le transport des particules et le comportement des matériaux composites. Elles permettent d'avoir une solution sur le maillage grossier en tenant compte du comportement à une échelle fine. Cette approche apparaît donc intéressante pour la lubrification mixte. La bibliographie que nous allons présenter n'est pas exhaustive, car il existe un très grand nombre de méthodes multi-échelles.

1.5.1 Méthode des éléments finis et volumes finis multi-échelles

La méthode des Eléments Finis Multi-échelles (EFM) a été introduite par Hou et Wu **[75]**, dans la résolution des problèmes de type elliptique rencontrés dans les matériaux composites et dans les écoulements en milieux poreux. L'équation utilisée à cet effet est une équation de second ordre, définie dans un domaine Ω :

$$-\nabla.(a(x)\nabla u) = S_u \quad \text{dans } \Omega \qquad (1.10)$$

Dans cette expression, $a(x) = (a_{ij}(x))$ est le tenseur de conductivité. Il est supposé symétrique et défini positif. S_s est le terme source. Pour les écoulements en milieux poreux, l'équation 1.10 devient l'équation de pression.

$$-\nabla.(\lambda_f \nabla p) = S_u \quad \text{dans } \Omega \qquad (1.11)$$

Le coefficient $a(x)$ est remplacé par λ_f, définissant le rapport entre le tenseur de perméabilité K et de la viscosité μ. u est remplacé par la pression. Le coefficient λ_f est souvent affecté par les très petites échelles du matériau alors que le comportement sur un grand domaine est analysé.

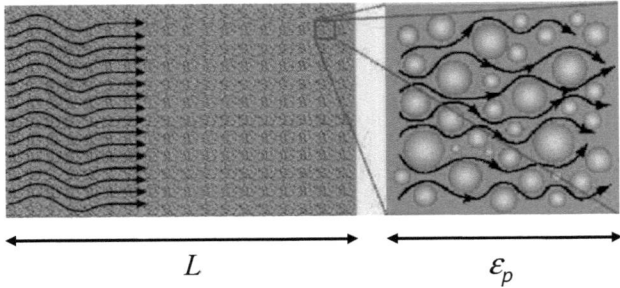

Figure 1.11: exemple d'écoulement sur différentes échelles

L'objectif visé est de résoudre le problème (1.11) par une méthode d'éléments finis sur un maillage grossier. Le principe consiste alors à construire une fonction de base d'éléments finis, qui tienne compte du comportement dont on dispose, du domaine d'étude, à l'échelle fine. Dans ce cas, il est possible de « saisir » l'influence de l'échelle fine dans les calculs sur un maillage grossier. La figure 1.11 montre un exemple de ce type de problème (écoulement milieu poreux).

Pour déterminer la fonction de base d'éléments finis, on considère une partition du domaine Ω par des macro-éléments K, (figure 1.12). On construit un volume de contrôle Ω_i, en reliant les points milieux de quatre macro-éléments adjacents. Sur chaque volume de contrôle, il faudra résoudre les problèmes de cellules.

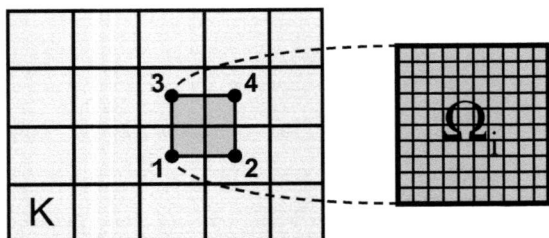

Figure 1.12: Construction du système de maillage

Pour assurer un recollement continu avec les autres macro-éléments, il va faut définir un problème local :

$$-\nabla.(\lambda_f \nabla p) = 0 \quad \text{dans } \Omega_i \quad (1.12)$$

Avec des conditions aux limites simples, on définit une fonction de base d'éléments finis $\bar{\Phi}^k$ ($\bar{\Phi}^k_{(k=1,..4)}$ dans Ω_i, k étant les sommets du volume de contrôle), dont la solution est exprimée comme combinaison linéaire de la pression.

$$p = \sum_{k=1}^{4} \bar{p}^k \bar{\Phi}^k \quad (1.13)$$

La fonction de base d'éléments finis et les conditions aux limites étant connues, il est possible de résoudre les problèmes locaux par la méthode des volumes finis. Pour la résolution du problème global, on dispose d'un terme source S_u et des conditions aux limites. Les fonctions de base d'éléments finis ayant été déterminées, elles sont directement intégrées dans la résolution du problème sur le maillage grossier. A ce niveau, c'est la méthode des éléments finis qui est utilisée.

La méthode EFM comme nous venons de décrire, a été utilisée dans différentes études et elle permet d'obtenir un gain de temps considérable [76]. D'autres analyses théoriques et numériques, basées sur la méthode EFM ont été proposées [77, 78]. Arbogast [79] a développé un modèle de simulation des écoulements diphasiques, en résolvant le facteur de perméabilité sur le maillage fin. Cette méthode a également été appliquée dans les travaux de Efendiev et Hou [80] puis Jiang et al [81].

Jenny et al [82], puis Lunati et Jenny [83] ont proposé une méthode dite « Volumes Finis Multi-échelles » (VFM). Elle est inspirée des travaux de

Hou et Wu [**75, 76**] et se distingue par la résolution numérique de l'équation 1.11. En effet, le problème à l'échelle fine est résolu par la méthode des volumes finis, en assurant une conservation du flux (q) dans l'interface. La solution en volumes finis est obtenue en résolvant l'équation :

$$\int_{\Omega_i} \nabla \cdot p \, d\Omega = \int_{\partial \Omega_i} q \, d\Gamma = -\int_{\Omega_i} S_u \, d\Omega \qquad (1.14)$$

Où Ω est le domaine d'étude considéré et Γ la variable d'intégration sur le contour. L'approximation du flux sur la frontière est donnée comme une fonction d'éléments finis :

$$q = \sum_{k=1}^{4} \overline{\Phi}_k \, p_k \qquad (1.15)$$

L'équation 1.15 représente une combinaison linéaire de la valeur de pression (pression au sommet de chaque élément Ω_i) dans un volume de contrôle.

1.5.2 Méthode Arlequin

La méthode Arlequin s'applique aux problèmes de mécanique, dont le domaine d'étude peut être décomposé en plusieurs zones distinctes, nécessitant des niveaux d'analyse différents. Elle est présentée comme une méthode de calcul multi-échelles permettant de relier, par une technique de superposition, les différents modèles considérés. Elle permet également de réaliser des études avec des modèles non-homogènes, en mélangeant différentes formulations. La méthode est souvent utilisée pour l'analyse des défauts de structure solides [**84-86**].

Le principe de la méthode Arlequin consiste à définir les différents modèles d'un problème puis les superposer et coller les uns par rapport aux autres. La méthode s'appuie donc sur les points suivants :

- Superposition de modèles avec duplication des états mécaniques dans la zone de recouvrement.
- Répartition des énergies entre les différents modèles, à l'aide de fonctions de pondération.
- Collage de modèles sur la zone de superposition, avec un opérateur de jonction.

Cette méthode est plus appropriée aux problèmes des structures (solides) avec des formes simples ou complexes. A notre connaissance, elle n'a pas encore été appliquée aux problèmes des écoulements. Elle ne constituera donc pas une base de réflexion dans nos travaux.

1.5.3 La méthode multigrilles

La méthode multigrilles correspond à une technique de calcul itératif. Elle a été proposée initialement pour la résolution de problèmes elliptiques, discrétisés sur des grilles régulières et utilise différents niveaux de raffinement. A chaque pas de temps, des maillages locaux de plus en plus fins sont créés par sous découpage hiérarchique.

Les méthodes multigrilles ne sont pas toujours perçues comme des méthodes dites « multi-échelles», mais plus tôt comme des techniques permettant d'accélérer le calcul. Historiquement, elles ont été introduites par Federenko [87] dans le but de résoudre l'équation de Poisson dans un carré unité. Brandt [88] a apporté une vision plus large de leur utilisation, en les introduisant dans la résolution des problèmes non linéaires. Leur application à la lubrification est largement présentée dans l'ouvrage de Venner et Lubrecht **[89]**.

1.5.4 Conclusion

Ce paragraphe a été dédié aux méthodes multi-échelles. Chacune des méthodes présentées est adaptée à un type de problème. La méthode Arlequin est souvent destinée à la modélisation des structures avec des défauts localisés. Les méthodes des éléments finis et volumes finis multi-échelles, ont été développées pour des équations proches de celle de Reynolds. Elles peuvent sûrement être appliquées aux problèmes de lubrification dans les garnitures mécaniques. Les méthodes multigrilles, quant à elles, sont très souvent utilisées en lubrification, car elles permettent d'accélérer les calculs.

1.6 Les effets thermiques dans les garnitures mécaniques

Ce paragraphe est consacré au comportement thermique des garnitures mécaniques. Nous allons d'abord présenter quelques études mettant en évidence l'influence des effets thermiques dans les garnitures mécaniques. Ensuite, les modèles de comportement thermique en régime de lubrification mixte seront examinés. Puis les modes de transferts de chaleur dans garnitures mécaniques seront présentés.

1.6.1 Etudes précédentes

Les premières études portant sur le comportement thermique dans les garnitures mécaniques remontent aux travaux de Denny **[90]** en 1961. Il a réalisé un dispositif expérimental permettant d'effectuer des mesures de température au niveau de la face statique d'une garniture mécanique, en utilisant trois thermocouples disposés à différents rayons. Il ressort de cette étude que la température augmente dans le sens de la fuite. Orcutt a présenté **[91]** des résultats un peu plus complets de mesures de température dans le contact, au travers d'un disque en quartz, en utilisant un pyromètre infrarouge. Il a aussi observé des élévations de la température des faces. Des résultats similaires ont également été obtenus par Banerjee et Burton **[92]**. Ces premiers travaux ont permis de mettre en évidence les effets thermiques dans les garnitures mécaniques.

Depuis une vingtaine d'années, le problème des transferts thermiques dans les garnitures mécaniques a fait l'objet de plusieurs études dans notre laboratoire. Ce thème de recherche a été initié par Tournerie et al **[93]**, Reugoat et Tournerie **[94]**, qui ont déterminé le champ de température, à l'interface, en utilisant une technique de mesure originale par thermographie infrarouge. Des études similaires visant à estimer les champs de température dans les garnitures mécaniques ont été réalisées **[95] [96]**.

Parallèlement des études numériques ont été mise en oeuvre. Knoll et al **[97]** ont réalisé un modèle thermoélastohydrodynamique (TEHD), dans lequel l'équation de l'énergie est résolue dans le film fluide. Les auteurs utilisent la méthode d'éléments finis pour la résolution des équations de transfert de chaleur et d'élasticité dans les anneaux de la garniture.

Person et Tournerie **[98]** ont préféré la méthode de différences finies pour résoudre un problème THD pour lequel le stator est flottant, avec les faces mésalignées. Cette étude a été complétée en prenant en compte les échanges thermiques dans les deux anneaux **[99 - 101]**.

Brunetière et al ont complété leur étude expérimentale [102] avec un modèle théorique portant sur le comportement TEHD des garnitures d'étanchéité. La modélisation du problème prend en compte les déformations thermiques dues aux gradients de températures dans les solides. La méthode de discrétisation utilisée est celle des éléments finis, car elle n'est pas restrictive pour traiter les géométries complexes. De plus, les équations étant supposées linéaires, les auteurs préfèrent utiliser la méthode des coefficients d'influence pour déterminer les déformations et les échanges de chaleur avec les solides. Cette méthode permet de relier, par une matrice de coefficients d'influence M_{ij}, le vecteur flux de chaleur q_j à chaque nœud du maillage décrivant l'interface, au vecteur de température nodale T_i :

$$T_i = M_{ij} q_j + T_{i0} \qquad (1.16)$$

Le terme T_{i0} de cette équation représente la distribution de température pour un flux de chaleur nul. Pour le calcul de déformation dans un modèle TEHD transitoire, Tournerie et al. [103] [104] ont utilisé les coefficients d'influences. Les auteurs ont utilisé l'équation de Lamé-Navier, en exprimant le champ de déplacement $\vec{u}$ sur chaque nœud (i) comme suit :

$$\vec{u}_i = C_{ij} T_j \qquad (1.17)$$

Le terme $\vec{C}_{ij}$ représente le vecteur déplacement à chaque nœud i dû au vecteur de température nodale T_j. Salant et Cao [105], ont également utilisé les coefficients d'influence pour calculer les déformations d'origine mécanique et thermique dans les garnitures. Cette méthode fonctionne tant que les conditions aux limites sont inchangées et que le comportement des matériaux est linéaire. D'autres études [106-109] concernant la modélisation TEHD des garnitures mécaniques ont également utilisé la méthode des coefficients d'influence.

Les études présentées ci-dessus nous montrent quelques modèles souvent utilisés pour modéliser les effets thermiques dans les garnitures mécaniques. Dans la plupart de ces travaux, on considère que les surfaces des garnitures sont parfaitement lisses ou alors qu'elles présentent des rainures. Or comme nous l'avons souligné plus haut, les faces des garnitures présentent toujours des rugosités. Celles-ci étant du même ordre de grandeur que l'épaisseur séparant les faces de la garniture, elles doivent être prises en compte dans l'étude.

1.6.2 Comportement thermique des contacts en régime de lubrification mixte

La prise en compte des effets thermiques en lubrification de surfaces rugueuses se fait comme dans le cas des faces lisses, en résolvant l'équation de Reynolds pour le champ de pression, l'équation de l'énergie pour le champ de température dans le film et enfin l'équation de la chaleur pour le champ de température dans les solides.

Sadeghi et Sui [52] se sont intéressés à la lubrification ThermoElastoHydroDynamique (TEHD) entre des surfaces rugueuses. Le problème étudié est celui d'un cylindre sur un patin rugueux. Les auteurs ont négligé les effets transitoires dans cette étude, et le modèle numérique est basé sur une approche déterministe. Les différentes équations utilisées ont été résolues par la méthode des volumes finis. Les résultats de cette étude ont montré que, pour le type de contact cylindre sur un plan rugueux, la rugosité de surface conduit à une augmentation significative de la température par rapport au cas où les surface sont lisses.

Chang et Farnum **[110]** ont développé un modèle TEHD en subdivisant le domaine d'étude en trois sous-domaines (figure 1.13): les deux solides avec les conditions aux limites thermiques et le film lubrifiant. Ils ont utilisé la méthode des différences finies pour déterminer le champ de température.

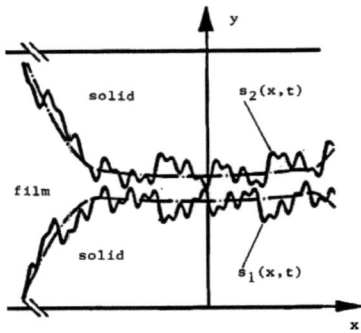

Figure 1.13 : Modèle de contact rugueux EHD [110]

Qiu et Cheng **[111]** se sont intéressés à la simulation numérique de l'évolution du champ de température avec un modèle tridimensionnel, les surfaces étant en régime de lubrification mixte. Dans cette étude, les deux surfaces en contact sont en mouvement. L'une des surfaces est rugueuse et l'autre lisse. La chaleur est générée par frottement dans les zones de contact entre aspérités, et par frottement visqueux dans les zones sans contact. La géométrie de la surface du contact est représentée sur la figure (1.14). Pour calculer la température, les auteurs considèrent que la zone de contact est fixe et que les deux surfaces continuent leur mouvement. Dans cette zone, la température augmente en raison du flux de chaleur généré, qui est ensuite transmis aux deux solides. La répartition du flux de chaleur dépend des propriétés des matériaux (conductivité) mis en jeu.

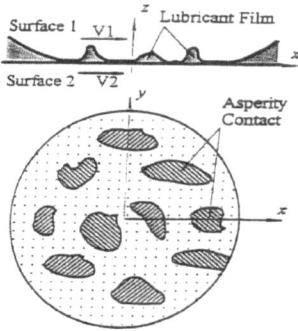

Figure 1.14 : Géométrie de la surface du contact lubrifié [111]

Les résultats ont été obtenus pour différentes surfaces dont les rugosités sont orientées transversalement, longitudinalement ou de manière isotrope. Les auteurs ont montré qu'une surface isotrope conduit à une valeur de température maximale plus élevé que celle obtenue avec la surface dont les rugosités sont transversales. En effet, pour une même valeur de charge, une surface isotrope conduit à plus de pression de contact entre aspérités, ce qui génère une augmentation de température. En revanche, une surface avec des rugosités transversales présente de bonnes conditions de transfert de chaleur.

Pour le cas des garnitures mécaniques, Ruan et al. [70] ont présenté un modèle de lubrification mixte, dans lequel sont pris en compte la variation de température dans le contact et les déformations dues aux frottements (visqueux et sec). L'effet des rugosités est pris en compte par la méthode des facteurs d'écoulement de Patir et Cheng [43]. Les déformations et le champ de température ont été calculés par la méthode des coefficients d'influence. Cette étude montre que, pour les garnitures mécaniques (pour liquide), la température croît dans le sens de la fuite (du rayon extérieur vers le rayon intérieur).

Ces études montrent que la simulation des effets thermiques en lubrification mixte nécessite de prendre en compte le frottement entre aspérités dans les zones de contact et le frottement visqueux dans les zones sans contact.

1.6.3 Variation de la viscosité avec la température

Le cisaillement du film produit par le mouvement relatif des surfaces entraîne une augmentation de la température. La viscosité diminue alors suivant une loi dont l'allure est proche d'une fonction exponentielle. Il existe dans la littérature plusieurs approximations analytiques pour la variation de la viscosité avec la température **[112]**, **[113]**:

- relation de Reynolds :
$$\mu(T) = \mu_f e^{-\beta(T-T_f)} \quad \beta > 0 \qquad (1.18)$$

- relation de Barr :
$$[Log_{10}(\nu + 0.8)]^3 = a + \frac{b}{T} \qquad (1.19)$$

- relation de Hugel et Clairbois:
$$Log_{10}(\mu(T) + a)(T + b) = c \qquad (1.20)$$

- relation de Slotte :
$$\mu(T) = \frac{\mu_f}{(1 + \gamma(T - T_f))} \quad \gamma > 0 \qquad (1.21)$$

- relation de Cameron :
$$\mu(T) = a\, e^{b/(T+95)} \qquad (1.22)$$

- relation de Mac Coull et Walther :
$$Log_{10}[Log_{10}(\nu + a)] = m Log_{10} T + b \qquad (1.23)$$

Cette dernière relation a été généralisée pour les huiles, et son emploi a été facilité par la création d'un abaque où les échelles des axes sont Log_{10}

[Log$_{10}$ (ν+a)] et Log$_{10}$T. Ceci conduit à une représentation linéaire de la viscosité en fonction de la température avec ce système d'axe. Dans ces expressions, μ, et μ$_f$ décrivent respectivement la viscosité dynamique du fluide à la température T et à la température ambiante ou initiale. Le terme ν représente la viscosité cinématique et a, b, c, β, γ sont des constantes déterminées par la méthode de moindre carré pour chaque lubrifiant.

Dans le développement de notre algorithme, nous avons retenu la relation de Reynolds pour les calculs car les garnitures étudiées sont lubrifiées avec de l'eau, les autres relations étant plus adaptées aux huiles.

1.6.4 Echanges thermiques dans les garnitures mécaniques

Dans les garnitures mécaniques, les transferts de chaleur entre les solides et le lubrifiant se font majoritairement par convection et conduction. La chaleur produite dans l'interface est généralement transmise du contact vers les anneaux par conduction. Ces derniers sont par la suite refroidis par le fluide environnant par convection. Ce transfert est caractérisé par un coefficient d'échange ou de convection h$_c$. Les coefficients d'échanges sont généralement calculés au moyen des formulations empiriques comme celle de Tachibana et al **[114]** ou Becker **[115]** établies pour des cylindres en rotation.

Le coefficient de convection caractérisant les échanges aux interfaces est déterminé au travers d'équations reliant le nombre de Nusselt à d'autres nombres sans dimensions:

- le nombre de Reynolds (Re) pour la convection forcée,

$$Re = \frac{2\rho \omega R_{ext}^2}{\mu} \qquad (1.24)$$

où ρ, ω, μ, R_{ext} sont respectivement la masse volumique, la vitesse de rotation, la viscosité et le rayon extérieur de l'anneau.

- le nombre le Prandtl (Pr).

$$\Pr = \frac{C_p \mu}{K_f} \qquad (1.25)$$

k_f, C_p sont respectivement la conductivité thermique du fluide et la chaleur spécifique.

- le nombre de Taylor (Ta)

$$Ta = \omega^2 \frac{R_{ext} \rho^2 dR^3}{\mu^2} \qquad (1.26)$$

où R_{ext}, dR sont respectivement le rayon extérieur et la longueur de l'espace annulaire occupé par le fluide.

Le nombre de Nusselt définit le rapport entre les transferts par conduction et les transferts par convection dans le fluide.

$$Nu = h_c \frac{2 R_{ext}^2}{K_f} \qquad (1.27)$$

Où h_c, R_{ext} sont respectivement le coefficient de convection et le diamètre du cylindre. Dans la littérature, différentes expressions sont disponibles :

Tachibana et al. [114] ont défini ce nombre en fonction du nombre de Taylor et de Prandtl.

$$Nu = 0.21 (Ta^2 \Pr)^{1/4} \qquad (1.28)$$

L'expression donnée par Becker [115] est souvent utilisée. Elle est exprimée en fonction du nombre de Reynolds et du nombre de Prandtl.

$$Nu = 0.133 \, Re^{2/3} \Pr^{1/3} \qquad (1.29)$$

Cette formulation est valable pour les écoulements turbulents, c'est-à-dire les valeurs élevées du nombre de Reynolds (Re > 2000).

Li **[116]** a utilisé deux expressions: une pour le stator et l'autre pour le rotor. L'expression pour le stator est semblable à la formule de Becker, mais avec des coefficients de valeurs différentes.

$$Nu = 0.023 \, Re^{0.8} \, Pr^{0.4} \qquad (1.30)$$

Pour le cas du rotor, l'expression dépend du coefficient de frottement fluide (c_f)

$$Nu = \frac{c_f}{2} Re \, Pr^{1/3} \qquad (1.31)$$

avec $\quad \dfrac{1}{\sqrt{c_f}} = -0.6 + 4.07 \log_{10}\left(Re \sqrt{c_f}\right)$

La plupart de ces formules empiriques ont été établies pour des solides de forme cylindrique. Plusieurs auteurs ont réalisés des mesures de températures au voisinage des garnitures mécaniques. En 1991, Doane et al. **[117]** ont intégré des valeurs de température obtenues expérimentalement dans un modèle numérique de différences finies. Leur objectif était d'évaluer le champ de température dans le stator. En extrapolant les valeurs de température sur les frontières, ils ont déterminé les nombres de Nusselt locaux. Les résultats montrent que, ces nombres augmentent avec vitesse de rotation, d'une part, et que d'autre part ils croissent lorsque la distance avec le contact diminue.

Phillips et al. **[118]** puis Merati et al. **[119]** ont effectué une étude expérimentale puis numérique dédiées aux écoulements et aux transferts de chaleur au voisinage d'une garniture mécanique. Ils ont mesuré le champ de température dans le stator, et ont estimé les nombres de Nusselt locaux.

Les auteurs ont observé une grande variation du flux de chaleur dans les zones du rotor et du stator proches de l'interface. Les valeurs des nombres de Nusselt calculées sont en accord raisonnable avec celle obtenues par la formule de Beker.

Lebeck et al. et Shirazi et al. **[120, 121]** ont également réalisé une étude expérimentale et numérique pour déterminer les transferts de chaleur autour d'une garniture mécanique. Les essais ont été effectués en faisant varier la vitesse de rotation, le débit de circulation, la pression et le type de fluide. Les données obtenues ont permis d'évaluer les coefficients d'échange en différents points. Les auteurs ont observé une température uniforme du fluide périphérique, et les données expérimentales sont en accord avec les résultats numériques.

Brunetière et Molodo **[122]** ont présenté une analyse numérique des transferts de chaleur autour d'une garniture expérimentale pressurisée par le rayon intérieur, en utilisant un code de dynamique de fluide. Une série de simulations leur a permis d'établir une formule empirique des nombres de Nusselt moyen sur le rotor et le stator en régime laminaire. Cette étude a permis de déterminer l'amplitude des échanges thermiques entre le fluide et les parois des solides (figure 1.15 a). Les auteurs ont constaté que, les échanges sont influencés par le rapport des conductivités entre fluide et solides (figure 1.15 b). L'effet observé sur cette figure est inversé suivant la surface à laquelle on s'intéresse.

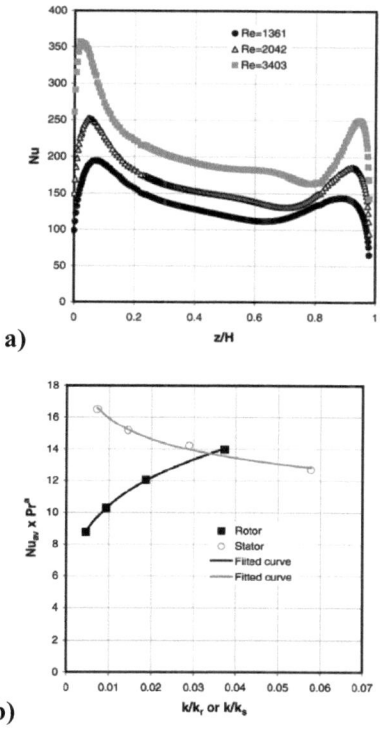

Figure 1.15 : a) Distribution locale du nombre de Nusselt pour différentes valeurs de Reynolds sur le rotor b) influence du rapport des conductivités sur le nombre de Nusselt du rotor et du stator [122]

1.6.5 Conclusion

Dans cette partie, nous avons présenté quelques études numériques et expérimentales sur le comportement thermique des garnitures mécaniques. Les études expérimentales visaient à déterminer les champs de température dans l'interface de la garniture. Ces études ont été très souvent validées par des modèles numériques. Ces modèles pour la plupart, discrétisent les équations de la chaleur et de l'énergie par les méthodes d'éléments finis. Les échanges avec le milieu environnant se font par convection et par conduction. Ils sont évalués au moyen de différentes formulations empiriques du nombre de Nusselt. Dans le cas de la lubrification mixte, le flux de chaleur dans l'interface est produit par frottement entre les aspérités dans les zones de contact et par frottement visqueux dans les autres cas.

1.7 Déformations de faces de la garniture

La géométrie de l'interface des garnitures mécaniques est l'un des facteurs important, pour leur fonctionnement. Elle affecte la distribution du champ de pression et de température dans le film fluide ainsi que le débit de fuite. Les déformations des surfaces de la garniture mécanique ont généralement un ordre de grandeur équivalent à celui du film. Deux principaux types de géométries de déformations sont identifiés: la conicité et les ondulations. Ces types de déformations sont dus au gradient de température (§1.6.1).

1.7.1 Conicité

Plusieurs études, parmi lesquelles celles de Li [116], Doust et Parmar [123], Lebeck [124] ont montré que les déformations des surfaces d'une garniture mécanique se traduisent par une variation de la conicité (figure 1.1a). L'interface peut ainsi former un espace convergent favorisant la formation d'un film d'épaisseur stable (figure 1.16a) ou divergent (figure 1.16b) dans le sens de la fuite entraînant le contact des faces et donc une épaisseur de film instable [125, 126]. Les gradients de température existant dans l'interface de la garniture peuvent être à l'origine des déformations des faces. Ces déformations évoluent au cours du fonctionnement entraînant une augmentation de l'angle de conicité formé par les faces. Ce qui conduit également à une augmentation de l'épaisseur de film [109] [128].

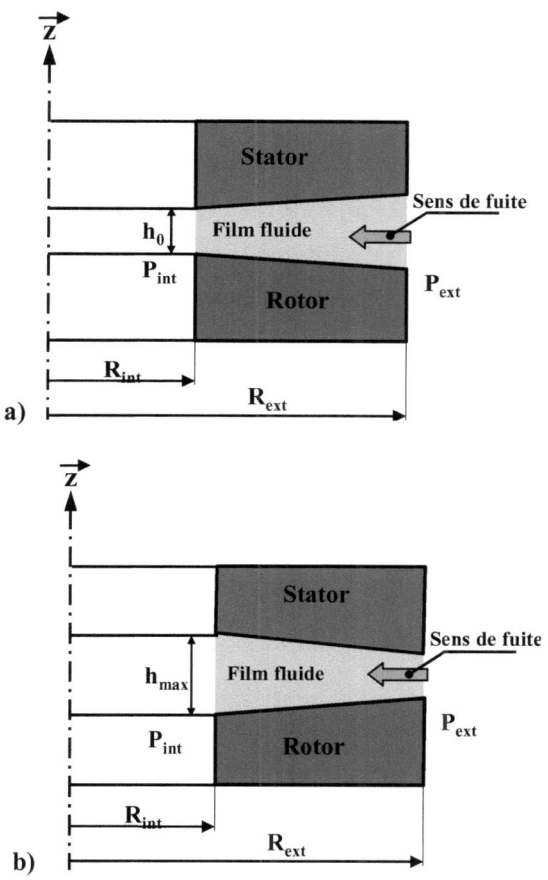

Figure 1.16 : a) conicité des faces convergentes b) conicité avec les faces divergentes

1.7.2 Ondulation

Les autres types de déformations que l'on peut observer sur les surfaces d'une garniture mécanique sont les ondulations (figures 1.1b). Ces dernières sont des défauts circonférentiels qui apparaissent sur l'interface de la garniture, entraînant une perte de planéité et même un fonctionnement instable de la garniture.

Knoll et al [97] ont développé un modèle numérique en intégrant les ondulations, pour étudier leurs effets sur la distribution de température dans les anneaux. Il ressort de cette étude que, les ondulations engendrent une variation circonférentielle de température. Brunetière et al [106] pensent que, la présence des ondulations peut conduire à une apparition des zones de cavitation au sein du film fluide, ce qui pourrait affecter significativement les performances de la garniture. Ceci est bien loin des conclusions de Djamai et al [129], qui n'observent aucune zone de cavitation. Mais ils ont observé des ondulations sur la face du rotor présentant des encoches et des géométries de forme similaire sur la face du stator.

1.7.3 Conclusion

Les déformations des faces de la garniture mécanique peuvent être d'origine mécanique ou thermique. Les déformations thermiques influencent fortement le fonctionnement des garnitures. L'évolution de la conicité des faces peut conduire à un débit de fuite plus important.

1.8 Conclusion

Ce chapitre a été consacré à l'étude bibliographique. Il a commencé par un état de l'art sur les régimes de lubrification qui a été suivi par une revue sur la modélisation du contact rugueux. Les modèles de contact présentés sont pour la plupart basés sur le modèle de GW. La modélisation de la lubrification entre surfaces rugueuses a été abordée par trois différentes approches: l'approche stochastique, l'approche par homogénéisation et déterministe. Cette dernière nous a paru assez efficace pour traiter le problème de lubrification dans les garnitures mécaniques. Cependant, elle reste coûteuse en temps de calcul et en espace mémoire. Une manière de surmonter ces limites est d'avoir recours aux techniques de calcul multi-échelles. Une partie de cette bibliographie a d'ailleurs été consacrée à la présentation de quelques méthodes multi-échelles. Parmi les méthodes présentées, celle des éléments finis et volumes finis multi-échelles semble pouvoir se transposer à notre étude.

Une autre partie de cette bibliographie a été consacrée au comportement thermique des garnitures mécaniques. Quelques résultats numériques et expérimentaux ont été examinés pour le cas des faces lisses puis, en prenant en compte les rugosités des surfaces. Les équations de la chaleur et de l'énergie des modèles sont pour la plupart des cas résolues numériquement. Certains résultats obtenus avec ces modèles ont été comparés et validés avec les résultats expérimentaux. Les transferts de chaleur avec l'environnement sont évalués par des formules empiriques donnant le nombre de Nusselt.

CHAPITRE II

2 Modélisation de la lubrification mixte isotherme

Dans ce chapitre, l'équation de la mécanique des films minces visqueux est établie pour un modèle de garniture à un degré de liberté axial. L'approche déterministe est retenue pour modéliser de la lubrification mixte dans l'interface. Le modèle de contact Hertzien utilisé est présenté ainsi que le bilan des forces s'exerçant sur les faces de frottement. Ensuite, la méthode multi-échelles dédiée à la résolution numérique de la lubrification mixte est présentée en détail. Enfin le modèle multi-échelles développé est validé par une étude comparative avec des résultats analytique d'une part, et le modèle déterministe développé par Minet [7] d'autre part.

2.1 Modèle géométrique et cinématique de l'étude

La configuration du modèle géométrique et cinématique utilisé dans cette étude est représentée sur la figure 2.1. On utilise le repère local cylindro-polaire lié au point M de cordonnées (r, θ, z). L'axe $(O, \vec{z})$, coïncide avec l'axe de rotation de l'arbre. Le rotor est animé d'un mouvement de rotation autour de ce même axe. Nous supposons que, les anneaux de la garniture ont pour axe de révolution l'axe de rotation. Le modèle est à un seul degré de liberté : le déplacement axial du stator flottant. Les anneaux sont plans et la distance entre les centres des faces est notée par h_0. Cette distance reste constante au cours du temps le modèle étant stationnaire. L'épaisseur moyenne du film (de l'ordre du micron) séparant les faces est très faible devant les autres dimensions, et est limité par le rayon intérieur R_{int} et le rayon extérieur R_{ext}.

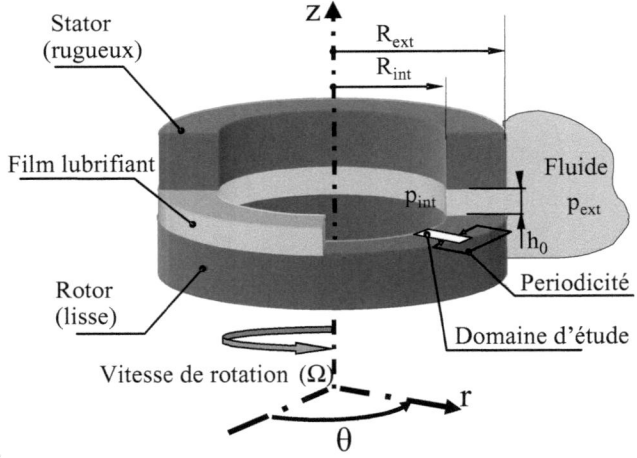

Figure 2. 1: Configuration géométrique de la garniture

2.2 Surfaces rugueuses

Dans ce paragraphe, nous allons présenter les différents paramètres caractéristiques de l'état de surface d'une garniture mécanique. Cette présentation sera suivie d'une étude expérimentale de mesures de surfaces avant et après une période de fonctionnement.

2.2.1 Paramètres de caractérisation statistique et ordres de grandeurs

L'état de surface est caractérisé par plusieurs paramètres statistiques. Ces paramètres permettent de décrire les irrégularités géométriques d'une surface réelle avec une distribution de hauteur de rugosité gaussienne (ou non gaussienne). Ce thème a été largement traité dans les travaux de Minet [7]. Cependant, nous tenons à présenter les paramètres statistiques utilisés dans le cadre de nos travaux.

2.2.1.1 L'écart-type

L'écart-type est défini en fonction de la hauteur de rugosité, mesurée à partir du plan moyen de la surface. Ce paramètre permet d'évaluer l'intervalle de variation de la hauteur de rugosité et s'exprime comme suit :

$$S_q = \left(\frac{1}{NM} \sum_{i=1}^{N} \sum_{j=1}^{M} z_{ij}^2 \right)^{1/2} \qquad (2.1)$$

Dans cette expression, z_{ij} représente la hauteur rugueuse des points de la surface, mesurée à partir du plan moyen. M et N définissent le nombre de points et sont fonction des dimensions de la surface rugueuse discrétisée. L'écart type que nous utiliserons par la suite pour caractériser la hauteur des rugosités se situe généralement entre 0,05 - 0,1 µm pour les surfaces rodées et entre 0,05 - 0,2 µm pour les surfaces usées [7].

2.2.1.2 Skewness (paramètre d'asymétrie)

Le coefficient de skewness mesure le degré d'asymétrie de la distribution. Il est définit comme suit :

$$SSk = \frac{1}{NMS_q^3} \sum_{i=1}^{N} \sum_{j=1}^{M} z_{ij}^3 \qquad (2.2)$$

- Si le SSk < 0, cela indique que sur la surface, les vallées sont plus profondes que les pics. Dans ce cas, la distribution est asymétrique vers la gauche.

- Si le SSk > 0, cela indique que sur la surface, les pics sont plus élevés que les vallées. Dans ce cas, la distribution est asymétrique vers la droite.

- Si le SSk = 0, la distribution est simplement symétrique (les vallées et les pics sont répartis de manière égale de part et d'autre du plan moyen).

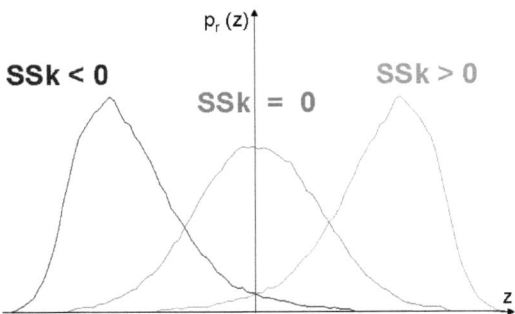

Figure 2. 2: Effet du paramètre d'asymétrie sur la distribution des hauteurs

2.2.1.3 Kurtosis (paramètre d'étalement)

Le coefficient de kurtosis mesure le degré d'écrasement de la distribution. Il est définit comme

$$\text{Sku} = \frac{1}{\text{NMS}_q^4} \sum_{i=1}^{N} \sum_{j=1}^{M} z_{ij}^4 \qquad (2.3)$$

Cette expression est semblable à celle du paramètre d'asymétrie. La valeur de l'exposant étant augmentée à 4, ce paramètre est très sensible au bruit de mesure.

- Si le Sku < 3, cela indique que la distribution est relativement resserrée autour de la médiane
- Si le Sku > 3, cela indique que la distribution est plus large que la normale
- Si le Sku = 3 la distribution est de type Gaussienne

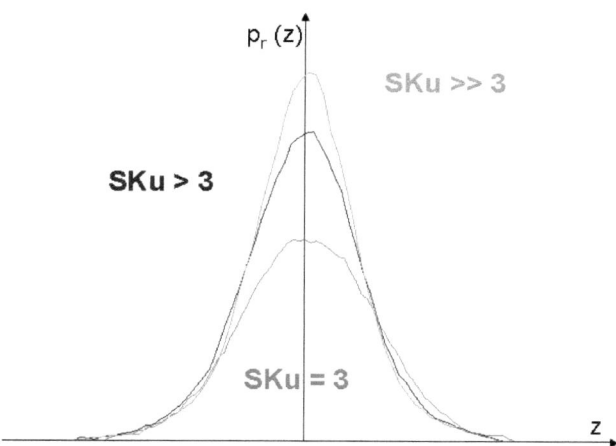

Figure 2. 3: Effet du paramètre d'étalement sur la distribution des hauteurs

2.2.1.4 Fonction d'auto corrélation

La fonction d'autocorrélation caractérise le degré de ressemblance entre une surface et elle-même lorsqu'elle est translatée dans une direction. Elle fournit une information sur la distance nécessaire pour caractériser les rugosités. Elle est définie comme suit :

$$R(\Delta x, \Delta y) = \frac{1}{NMS_q^2} \sum_{1}^{N} \sum_{1}^{M} z(x,y) z(x+\Delta x, y+\Delta y) \quad (2.4)$$

Une mesure réalisée sur une surface de garniture en carbone est représentée sur la figure 2.4. On peut voir un profil de la surface accompagné de la fonction d'autocorrélation correspondante. La fonction d'autocorrélation est maximale (le pic égal à 1 pour un déplacement de zéro). La fonction décroît rapidement et reste constante sur une valeur proche de 0,05 dès que la distance augmente.

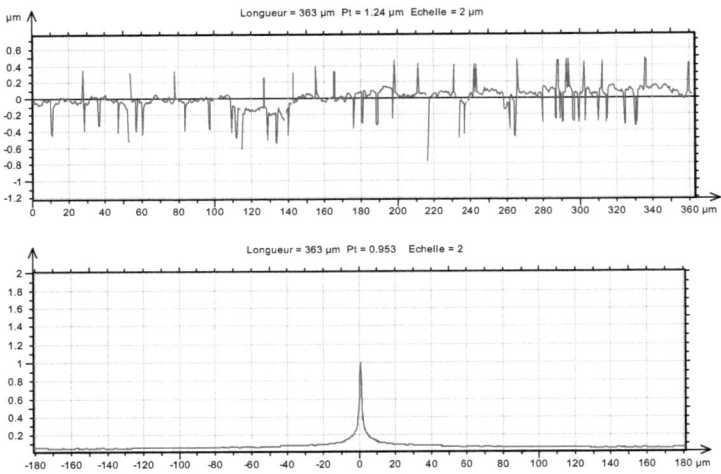

Figure 2. 4 : Profil rugueux / fonction d'autocorrélation

La longueur d'autocorrélation dans une direction donnée est la distance calculée entre une abscisse où la fonction a diminué d'une certaine quantité et l'abscisse du maximum de la fonction d'autocorrélation. Les longueurs d'autocorrélation peuvent être assimilées à la taille caractéristique des rugosités dans la direction où elles sont évaluées, définissant ainsi la distance au-delà de laquelle un point quelconque n'entretient pas de relation avec les autres points de la surface. Elles sont le plus souvent mesurées à une décroissance de 50 à 90 % de la valeur maximale de la fonction d'autocorrélation. La longueur d'autocorrélation a été mesurée pour notre étude, avec une décroissance 80 % de la valeur maximale de la fonction d'autocorrélation.

2.2.2 Mesures et analyses des surfaces réelles

Une étude expérimentale a été réalisée en partenariat avec le CETIM. L'un des objectifs était d'analyser l'évolution des paramètres de rugosités en fonction du temps, lors des premières heures de fonctionnement que nous appellerons rodage par la suite. Une première campagne de mesure a été effectuée sur les garnitures neuves, puis une deuxième sur les garnitures après fonctionnement. Les résultats de ces mesures sont présentés et discutés dans cette partie.

2.2.2.1 Dispositif de mesure de surface

Le dispositif utilisé pour les mesures de surfaces est un appareil de mesure optique de topographie : le Talysurf CCI 6000 (figure 2.5). Le Talysurf CCI est basé sur le principe d'interférométrie confocale. La résolution verticale de l'appareil est sub-nanométrique, ce qui permet de caractériser les surfaces très finement. Les caractéristiques de l'objectif utilisé sont données dans le tableau 2.1.

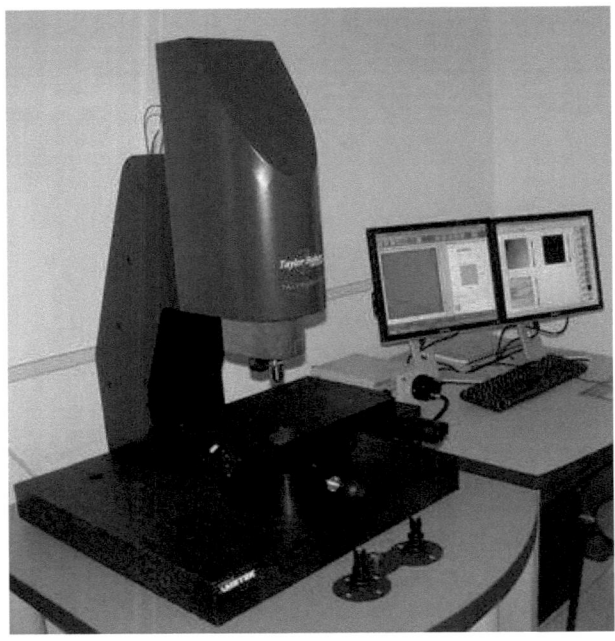

Figure 2. 5: Talysurf CCI 6000

Tableau 2.1: Caractéristiques de l'objectif utilisé sur le Talysurf CCI 6000

Objectif	Aire mesurée [mm²]	Pas d'échantillonnage [µm]	Distance de travail [mm]	Pente maximale [°]
50x	0.363 x 0.363	0.35	3.4	22

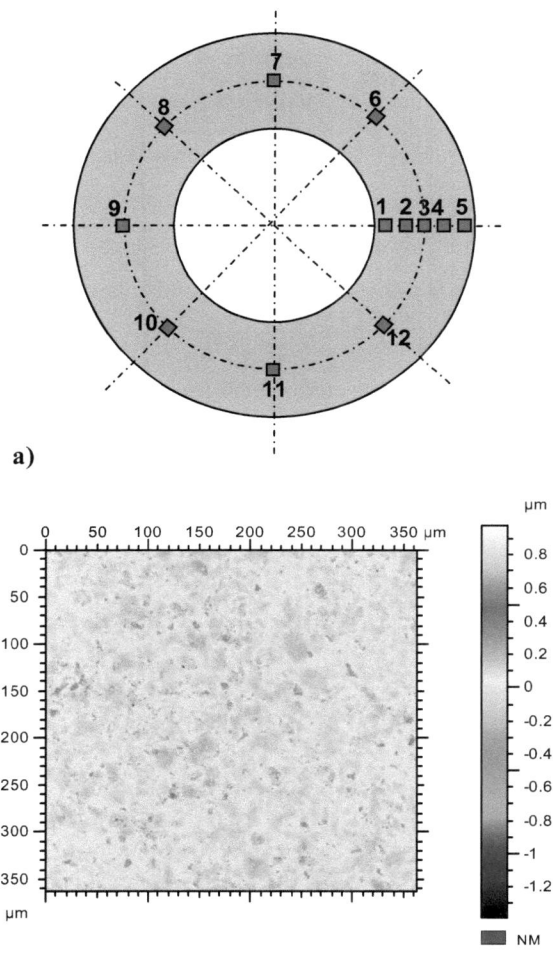

Figure 2. 6: a)Position des zones mesurées sur la pièce b) Exemple de surface mesurée

La figure 2.6 montre la localisation des différentes zones mesurées sur l'interface des anneaux, et présente un exemple de surface mesurée avant fonctionnement. L'analyse de l'état de surfaces est réalisée sur chaque garniture (neuve puis rodée), dont certaines sont en carbure de silicium et d'autres en carbone. La valeur moyenne de chaque paramètre statistique analysé sur les pièces neuves est considérée comme la valeur de référence.

La figure 2.7 représente une zone mesurée après rodage. Chaque mesure est suivie d'un traitement de données. Le traitement consiste à effectuer un redressement (Figure 2.8) de la surface, en supprimant la pente générale de la surface, provenant d'une mesure non perpendiculaire à la surface.

L'opération du redressement est parfois suivie d'un seuillage. Cette dernière opération permet de tronquer artificiellement la surface mesurée (par le haut et/ou par le bas) à une altitude donnée. Ceci permet de supprimer les pics trop importants dus à des poussières ou artéfacts masquant les reliefs.

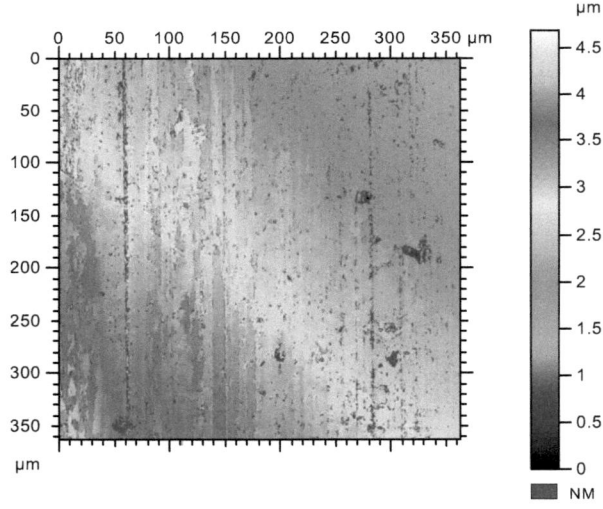

Figure 2. 7: Mesure d'une face en carbone après rodage

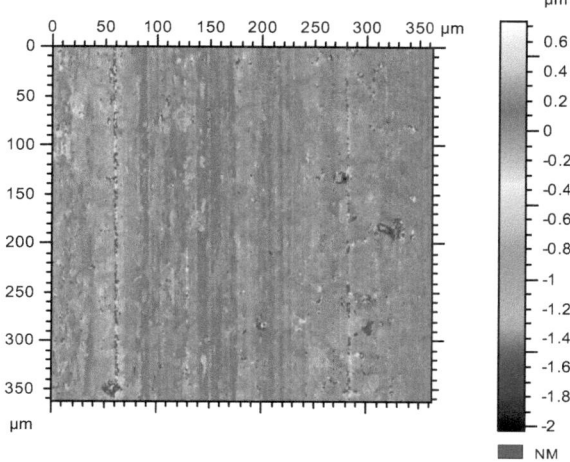

Figure 2. 8: Surface après redressement

2.2.2.2 Dispositif expérimental

Les essais ont été réalisés sur le banc représenté sur la figure 2.9. La garniture mécanique est montée sur une chemise solidaire de l'arbre. Elle est sollicitée en pression via l'alimentation en fluide de la chambre pressurisée. La rotation du rotor est assurée par un moteur de 22 kW de puissance, tournant à une vitesse d'environ 1500 tr/min. Le débit de fuite est collecté dans une chambre de récupération de fuite. Il est mesuré soit par récupération directe du fluide dans un récipient, soit par une mesure d'hygrométrie (l'hygrométrie consiste à mesurer l'humidité de l'air dans une enceinte).

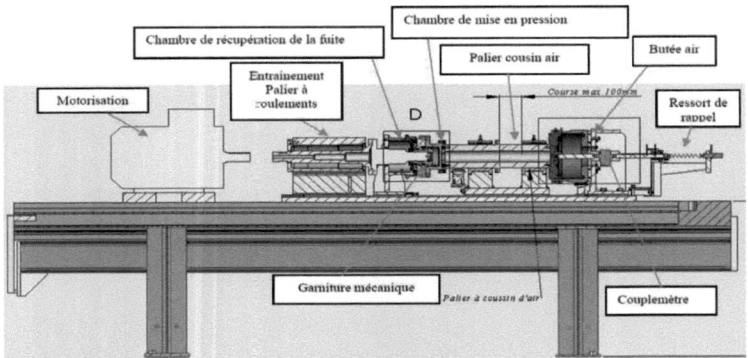

Figure 2.9: Banc d'essai de garniture mécanique (source CETIM)

Le fluide à étancher est de l'eau, sous une pression relative de 8 bar dans une enceinte à température ambiante. Certains résultats issus des essais de rodage sont présentés dans l'annexe A.

2.2.2.3 Procédure expérimentale

La pression d'alimentation reste figée alors que la vitesse de rotation augmente et se stabilise à 1520 tr/min. L'expérience est réalisée avec 16 garnitures mécaniques (32 pièces) composées de deux couples de matériaux :

- Siège en carbure de silicium (SS)/ Face en carbone (FC)
- Siège en carbure de silicium (SS)/ Face carbure de silicium (FS)

Le tableau 2.2 résume les différentes combinaisons des garnitures. Le "siège" indique l'anneau fixe de la garniture, tandis que la "Face" indique l'anneau tournant. Les paramètres géométriques des anneaux sont donnés sur le tableau 2.3. A chaque campagne d'essai, une nouvelle garniture est montée et le temps des essais pour les différents couples de garnitures

(SiC/C et SiC/SiC) s'étage de 5 minutes à 16 heures. La figure 2.10 montre une image du type des garnitures utilisées au cours des essais.

Tableau 2.2: Combinaison des garnitures et durée d'essai

N° Lot	Durée du test	Repère : Siège	Repère face
0	5 min	SS0	FC0
1	10 min	SS1	FC1
2	20 min	SS2	FC2
3	35 min	SS3	FC3
4	1h	SS4	FC4
5	2h15 min	SS5	FC5
6	16h	SS6	FC6
7	5 min	SS7	FS0
8	10 min	SS8	FS1
9	20 min	SS9	FS2
10	35 min	SS10	FS3
11	1h	SS11	FS4
12	2h15 min	SS12	FS5
13	16h	SS13	FS6
14	24h	SS14	FC7
15	24h	SS15	FS7

Figure 2. 10: Type de garniture utilisée au cours des essais

Tableau 2.3: Paramètres géométriques des anneaux

	SS	FC	FS
Diamètre intérieur	71,3	72,1	72,5
Diamètre extérieur	91,2	80	78,7
Hauteur (mm)	10	2,4	2,5

L'entraînement en rotation de la face tournante est assuré par le moteur asynchrone. La face fixe de la garniture mécanique reste solidaire d'un couplemètre via la chambre pressurisée et l'axe du palier à coussin d'air. La présence du couplemètre permet de mesurer le couple de frottement entre les faces de la garniture mécanique. Pendant la mesure d'hygrométrie, un balayage d'azote est réalisé dans la chambre de récupération de fuite. Les résultats obtenus pour chaque garniture testée sont :

- le couple de frottement maximum des faces lors du démarrage des essais,
- le couple de frottement stabilisé (Cf),
- la température de l'eau dans le circuit

Le coefficient de frottement (f) est calculé à la fin de l'expérience, lorsque le régime est stable.

$$f = \frac{Cf}{F_{ferm.} R_{moy.}} \quad (2.5)$$

Dans cette expression, Cf est le couple moyen stabilisé, F_{ferm} la force de fermeture et R_{moy} le rayon moyen des faces.

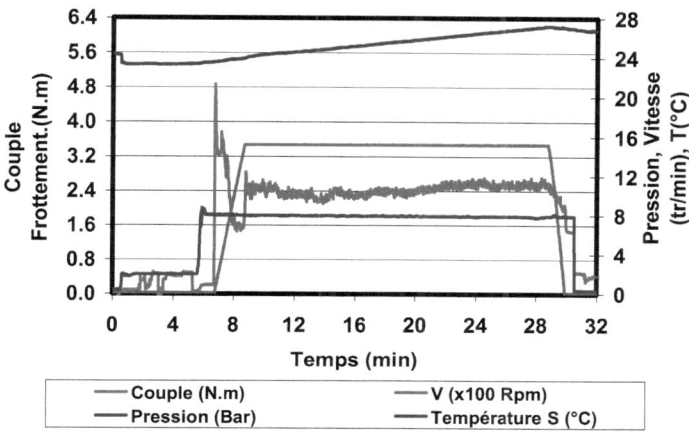

Figure 2.11: Données relevées pour un couple de garniture mécanique (SS/FC)

La figure 2.11 montre un exemple de relevés pour 20 min de rodage dans les conditions expérimentales définies précédemment. Au démarrage, le couple de frottement augmente brusquement lorsque le rotor se met en mouvement, puis diminue. Lorsque la vitesse se stabilise, le couple de frottement varie légèrement en fonction du temps, avec une valeur moyenne proche de 2.4 N.m. Alors que la pression reste constante durant les essais, la température quant à elle augmente progressivement en raison de la dissipation par frottement et de l'absence de régulation thermique.

2.2.2.4 Analyse des mesures

L'un des objectifs de cette étude est de disposer de données suffisantes, pour caractériser l'évolution de la micro-géométrie des surfaces au cours du rodage. Les paramètres présentés ici sont les suivants :

- l'écart-type de la rugosité S_q,
- le paramètre d'asymétrie SSk,

- le paramètre d'étalement Sku.

Pour chaque paramètre, les valeurs indiquées sont une moyenne pour douze zones de mesures localisées à différent endroit (figure 2.6). Une barre d'incertitude indiquera l'écart type de ces mesures.

Ecart-type (S_q)

La valeur l'écart-type S_q, est de l'ordre du dixième de micron, pour les faces des garnitures mécaniques. Les résultats des mesures obtenus après le rodage pour les couples de garnitures, Siège en Carbure de Silicium (SS) et Face en Carbone (FC) sont représentés sur la figure 2.12. Cette figure montre la variation moyenne S_q de chaque anneau par rapport à la valeur moyenne initiale. Ces résultats montrent que les hauteurs de rugosités des anneaux en carbone (FC) sont supérieures à la valeur initiale tandis que celles des anneaux en carbure de Silicium (SS) sont inférieures.

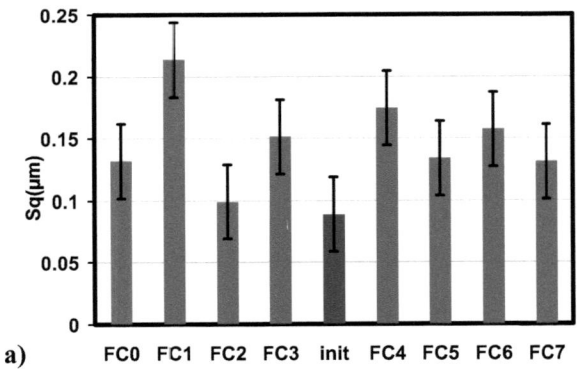

a)

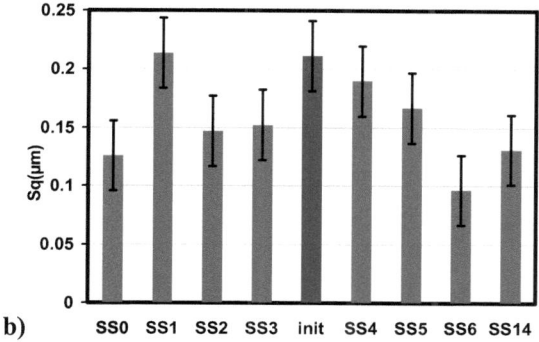

Figure 2.12: Hauteurs moyennes de rugosités après rodage par rapporte à leur valeur initiale : a) anneau FC, b) anneau SS

La figure 2.12 représente la variation de hauteur de rugosité et du coefficient de frottement en fonction du temps. Les résultats observés sur cette figure ne permettent pas de dégager une tendance de variation de l'écart-type moyen (S_q). Cependant, les images associées aux mesures permettent de mieux comprendre certains phénomènes.

En examinant les images des surfaces, nous constatons qu'il y a un dépôt de matière sur la surface de l'anneau FC1. Cet apport de matière se traduit par une augmentation importante de S_q, et, parallèlement, une baisse du coefficient de frottement. Le dépôt joue le rôle de lubrifiant et constitue un troisième corps dont la prise en compte sort du cadre de notre étude. Sur l'anneau FC2, ce dépôt n'est pas visible et il apparaît des rainures sur la surface, signe d'une usure due au contact entre les faces entraînant une augmentation du coefficient de frottement. La hauteur de rugosité tend à se stabiliser avec le temps autour de valeurs comprises entre 0,13 et 0,17 µm. L'anneau en carbure de silicium étant moins tendre que la face en carbone, la valeur de S_q varie plus modérément. On voit de manière générale que, la hauteur de rugosité évolue inversement au coefficient de frottement, pour les deux anneaux.

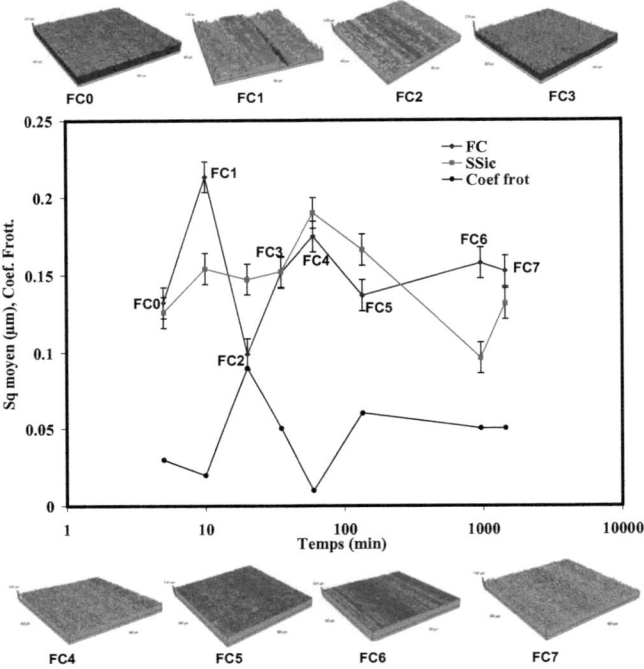

Figure 2.13: Hauteurs moyennes de rugosités et du coefficient de frottement en fonction du temps de rodage (garniture, FC/SS)

La figure 2.14 montre la variation par rapport à la valeur moyenne initiale de la hauteur des rugosités pour les couples de garniture où les deux anneaux sont en carbure de Silicium. L'analyse des histogrammes nous montre que les hauteurs de rugosités des anneaux tournants (FS) varient faiblement et restent proches de la valeur initiale. Quant aux anneaux fixes, les valeurs sont plus faibles, et inférieures à la valeur initiale.

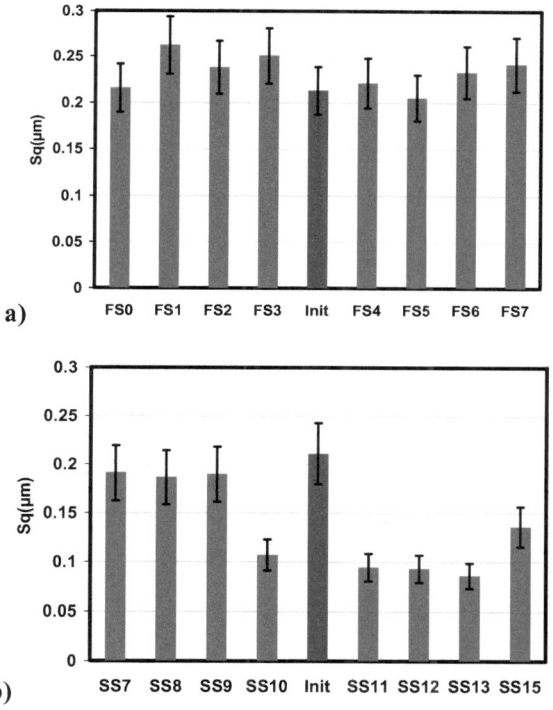

Figure 2.14: Hauteurs moyennes de rugosités après rodage par rapport à leur valeur initiale : a) anneau FS, b) anneau SS

La figure 2.15 présente la variation de hauteur des rugosités et du coefficient de frottement en fonction du temps pour les mêmes types de garnitures. Sur cette figure, nous observons une faible variation des hauteurs de rugosité pour l'anneau tournant (FS), tandis que sur l'anneau fixe (SS), ces valeurs baissent à partir d'une dizaine de minutes de fonctionnement.

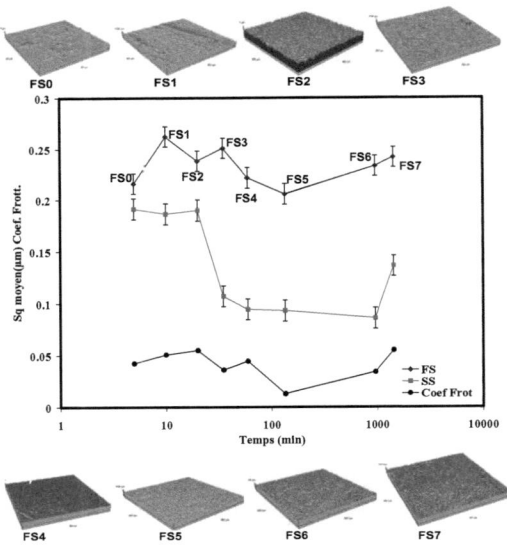

Figure 2. 15: Hauteurs moyennes de rugosités et coefficient de frottement en fonction du temps de rodage (garniture FS /SS)

Paramètre d'asymétrie (SSk)

Une surface Gaussienne possède un coefficient d'asymétrie nul indiquant que la matière est répartie symétriquement de part et d'autre du plan moyen de la surface. Mais les rugosités des garnitures mécaniques ne sont pas gaussiennes du fait de la méthode de fabrication. Le polissage élimine les pics de la surface sans affecter les vallées.

Les valeurs de Ssk pour la surface en carbone sont presque toutes négatives. Celles qui sont positives correspondent aux zones où un dépôt est observé. Pour la garniture dont la face est en carbure de silicium (FS) et le siège en carbure de silicium (SS), on observe des valeurs assez dispersées pour le SS (figure 2.16).

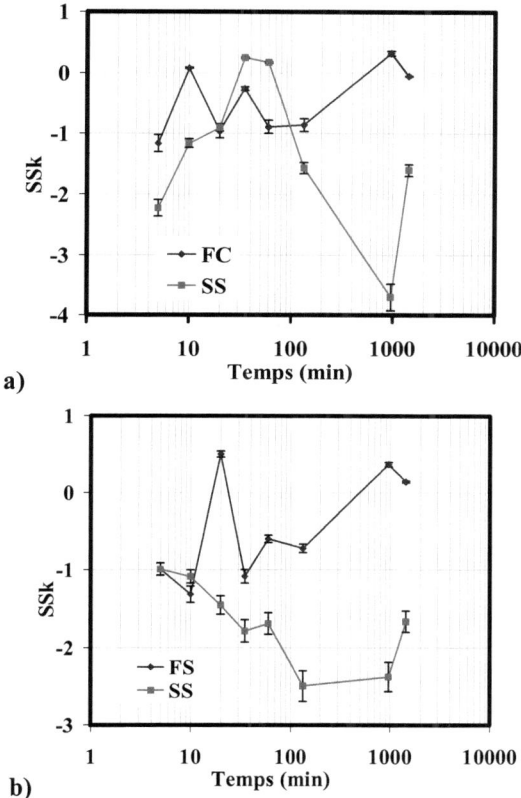

Figure 2. 16: Skewness (SSk) en fonction du temps de rodage:
a) garniture FC /SS, b) garniture FS/SS)

Paramètre d'étalement (Sku)

Le paramètre Sku représente l'étalement de la distribution et vaut 3 si cette dernière est Gaussienne. Cette valeur augmente au fur et à mesure que celle de SSk s'éloigne de zéro. Lorsqu'elle est grande cela indique que, la majorité des valeurs de la distribution sont proches de la moyenne et que quelques-unes en sont fortement éloignées. La figure 2.17 montre la variation du paramètre Sku en fonction du temps. La valeur du paramètre Sku est très sensible, puisqu'il dépend de la distribution des hauteurs à la puissance quatre. Les résultats obtenus lors des mesures pour les deux couples de garniture varient entre 5 et 55.

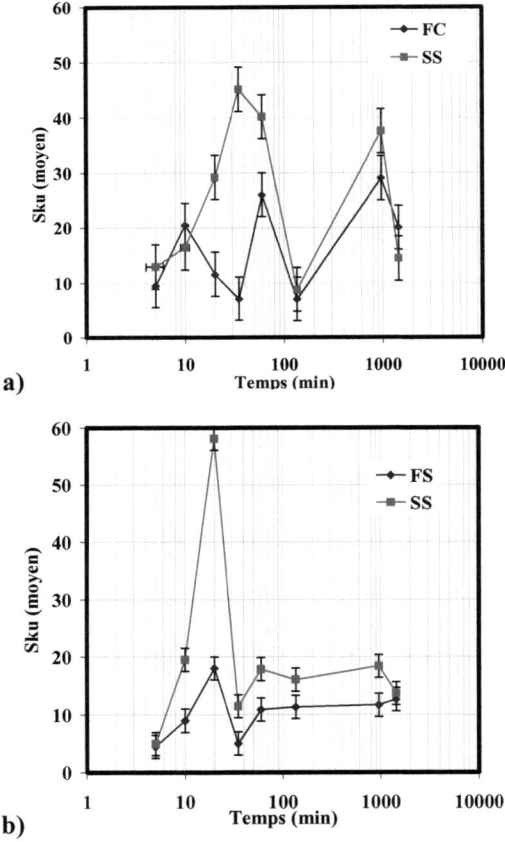

Figure 2. 17: Kurtosis (Sku) en fonction du temps de rodage: a) garniture FC /SS, b) garniture FS/SS)

2.2.3 Génération mathématique des surfaces rugueuses

Certains problèmes de tribologie comme le contact, la lubrification des surfaces rugueuses sont explorés davantage grâce à la simulation numérique des phénomènes. La résolution numérique de ces problèmes nécessite une connaissance des paramètres caractéristiques des surfaces. La simulation numérique des surfaces rugueuses permet de modifier facilement les paramètres dans étude des phénomènes rencontrés en tribologiques.

Plusieurs travaux relatifs à la simulation des surfaces rugueuses ont été publiés ces dernières décennies. Parmi les plus remarquables, figurent ceux de Patir [130] et de Bakolas [131] sur la procédure de génération de surfaces rugueuses en trois dimensions. Dans ces travaux, il a utilisé la transformation linéaire des matrices aléatoires. Cette procédure permet de générer des surfaces rugueuses gaussiennes et non-gaussiennes et d'imposer la fonction d'autocorrélation. La bibliographie et les techniques sur la génération numérique des surfaces rugueuses sont bien détaillées dans les travaux de Minet [7]. Nous allons, dans un souci de clarté, rappeler brièvement la démarche utilisée.

Modèle mathématique

Le modèle mathématique est basé sur la méthode MA (Moving Average) déduite de la méthode ARMA (Auto-Regressive and Moving Average Method) pour générer les surfaces rugueuses gaussiennes. Le principe de la méthode ARMA consiste à étudier la réponse z d'un système linéaire à un bruit blanc η tel que :

$$\sum_{k=1}^{n} \sum_{l=1}^{m} b_{kl} z_{i-k\,j-l} = \sum_{k=1}^{n} \sum_{l=1}^{m} a_{kl} \eta_{i+k\,j+l} \qquad (2.6)$$

La méthode MA est obtenue en considérant que les coefficients b sont nuls sauf b_{00}. Ainsi, l'expression devient :

$$z_{ij} = \sum_{k=1}^{n} \sum_{l=1}^{m} a_{kl} \, \eta_{i+k\,j+l} \qquad (2.7)$$

Les nombres n et m sont choisis de manière à ce que, pour tous entiers p et q tels que, p> n et q > m la valeur de la fonction d'autocorrélation soit proche de zéro :

$$R(p,q) \approx 0 \quad \text{avec} \quad \begin{cases} p > n \\ \text{ou} \\ q > m \end{cases} \qquad (2.8)$$

Les surfaces rugueuses présentent généralement une fonction d'autocorrélation de forme exponentielle.

$$R(p,q) = Sq^{2} \exp\left[\ln(0,1)\sqrt{\left(\frac{p\Delta x}{\lambda_{x}}\right)^{2} + \left(\frac{q\Delta y}{\lambda_{y}}\right)^{2}}\right] \qquad (2.9)$$

Cette expression mathématique qu'on retrouve aussi dans les travaux de Patir [43] est une fonction décroissante. λ_x et λ_y, sont les longueurs d'autocorrélation dans les directions respectives x et y pour lesquelles R (p,q) atteint 10% de sa valeur à l'origine. Les nombres η_{ij} étant indépendants et de variance unitaire, il est possible de démontrer que :

$$R(p,q) = \sum_{k=-n+p}^{n} \sum_{l=-m+q}^{m} a_{kl} \, a_{k-p\,l-q} \qquad (2.10)$$

Cette relation constitue est un système non linéaire de (2n+1)(2m+1) équations. Le nombre d'inconnues peut être réduit en tenant compte des propriétés de symétrie de la FAC et des coefficients a_{kl}. La résolution du système peut être faite en utilisant l'algorithme de Newton-Raphson.

Pour obtenir une surface non Gaussienne, il suffit de modifier les paramètres d'asymétrie et d'étalement de la séquence η_{ij}. Pour cela, on peut utiliser une relation reliant les nombres Sk_η et Ku_η des nombres aléatoires à ceux de la surface finale [132].

$$Ssk = \frac{\sum_{i=-q}^{q} \theta_i^3}{\left(\sum_{i=-q}^{q} \theta_i^2\right)^{\frac{3}{2}}} Sk_\eta \qquad (2.11)$$

$$Ku = \frac{Ku_\eta \sum_{i=-q}^{q} \theta_i^4 + 6 \sum_{i=-q}^{q-1} \sum_{j=i+1}^{q} \theta_i^2 \theta_j^2}{\left(\sum_{i=-q}^{q} \theta_i^2\right)^2} Sk_\eta \qquad (2.12)$$

avec

$$\begin{cases} \theta_i = \theta_{(k-1)n+1} = a_{kl} \\ q = n\,m \end{cases} \qquad (2.13)$$

Les paramètres d'asymétrie et d'étalement (Sk_η et Ku_η) sont imposés par le système de translation de Johnson, lequel propose trois courbes d'interpolation [133].

$$\begin{cases} S_U : x = \gamma + \delta \sinh^{-1}\left(\frac{\eta - \xi}{\lambda}\right) \\ S_L : x = \gamma + \delta \ln\left(\frac{\eta - \xi}{\lambda}\right) \\ S_B : x = \gamma + \delta \ln\left(\frac{\eta - \xi}{\xi + \lambda - \eta}\right) \end{cases} \qquad (2.14)$$

La variable x désigne la série Gaussienne initiale et η la séquence dérivée comportant les paramètres d'asymétrie et d'étalement imposés. Les coefficients γ, δ, λ et ξ sont déterminés par l'algorithme de Hill et al. [134], afin que la surface z_{ij} comporte les caractéristiques désirées.

Exemple de génération de surfaces rugueuses

En utilisant le modèle mathématique présenté ci-dessus, Minet [7] a pu générer des surfaces avec une fonction d'autocorrélation de type exponentielle. La figure 2.18 montre l'exemple d'une surface simulée et de la fonction d'autocorrélation (FAC) correspondante.

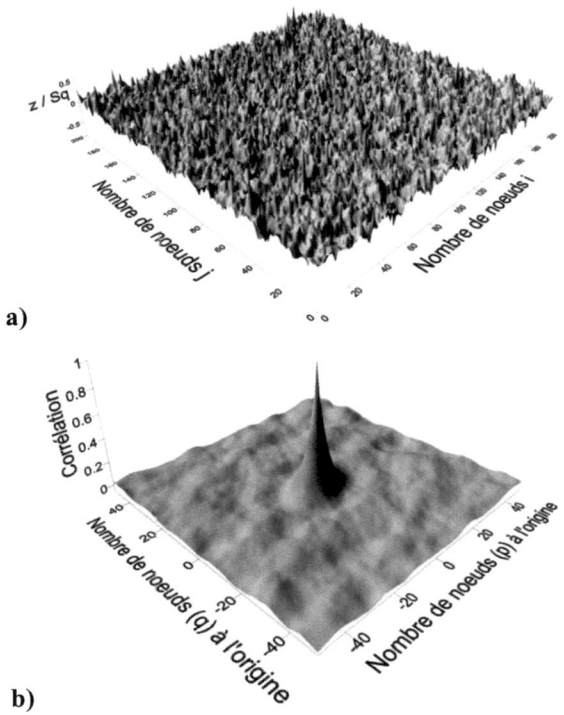

Figure 2. 18: a) Surfaces à corrélation exponentielle b) profils FAC exponentiels [7]

2.3 Modèle déterministe de lubrification mixte

Après la description de l'état de surface ainsi que de ses paramètres caractéristiques, nous allons maintenant nous intéresser à la modélisation de l'écoulement du fluide entre les surfaces rugueuses. Tout d'abord, les hypothèses de la théorie de la lubrification par films minces visqueux seront énoncées. Elles seront suivies par les équations gouvernant ce type d'écoulement. Le modèle de contact et les paramètres globaux seront enfin présentés.

2.3.1 Ecoulement des films minces visqueux entre des surfaces rugueuses

2.3.1.1 Hypothèses de base

Les écoulements de films minces visqueux sont gouvernés par l'équation de Reynolds. Cette équation est obtenue sur la base de certaines hypothèses propres à la lubrification. Entre autre il est nécessaire de poser que :

- l'épaisseur du film est toujours très faible devant les autres dimensions,
- le milieu est continu,
- l'écoulement est laminaire
- le fluide est Newtonien
- les forces massiques extérieures sont négligeables,
- les forces d'inertie dans le fluide sont négligeables devant celles engendrées par la viscosité
- il n'y a pas de glissement entre le fluide et les parois
- les faces sont supposées être rigides (seules les aspérités se déforment)

La validité de cette dernière hypothèse sera justifiée dans une autre section (§2.3.1.3). Cependant, il est possible maintenant d'établir l'expression de l'équation de Reynolds.

2.3.1.2 Equation de Reynolds

L'équation de Reynolds est obtenue à partir des équations de Navier-Stokes. Dans le cas d'un écoulement entre les faces de frottement d'une garniture mécanique, ces équations prennent une forme simplifiée. A partir des hypothèses précédentes elles s'écrivent:

$$\begin{cases} \dfrac{\partial p}{\partial r} = \dfrac{\partial}{\partial z}\left(\mu \dfrac{\partial V_r}{\partial z}\right) \\ \dfrac{1}{r}\dfrac{\partial p}{\partial \theta} = \dfrac{\partial}{\partial z}\left(\mu \dfrac{\partial V_\theta}{\partial z}\right) \\ \dfrac{\partial p}{\partial z} = 0 \end{cases} \qquad (2.15)$$

Les composantes V_r, V_θ du champ des vitesses sont alors obtenues en intégrant les équations (2.15). Compte tenu du modèle géométrique décrit sur la Figure 2.1 et, outre les hypothèses précédentes (§ 2.3.1.1), on considère que le mésalignement des faces est négligeable. Dans ce cas, les conditions aux limites sur les parois sont les suivantes :

- sur la paroi 1 : pour $z = H_1$, $v_r = V_{r1} = 0$, $v_\theta = V_{\theta 1} = 0$, $v_z = V_{z1} = 0$
- sur la paroi 2 : pour $z = H_2$, $v_r = V_{r2} = 0$, $v_\theta = V_{\theta 2}$, $v_z = V_{z2} = 0$

Les composantes du champ de vitesse sont :

$$\begin{cases} V_r = \dfrac{1}{2\mu}\dfrac{\partial p}{\partial r}\left[z^2 - (H_1 + H_2)z + H_1 H_2\right] \\ V_\theta = \dfrac{1}{2\mu r}\dfrac{\partial p}{\partial \theta}\left[z^2 - (H_1 + H_2)z + H_1 H_2\right] + V_{\theta 2}\left(\dfrac{z - H_1}{H_1 + H_2}\right) \end{cases} \quad (2.16)$$

L'équation de Reynolds est obtenue en intégrant l'équation de conservation de masse suivant l'épaisseur de film.

$$\int_{H_1}^{H_2} \dfrac{\partial(\rho r V_r)}{\partial r} dz + \int_{H_1}^{H_2} \dfrac{\partial(\rho V_\theta)}{\partial \theta} dz + \int_{H_1}^{H_2} \dfrac{\partial(\rho V_z)}{\partial z} dz = 0 \quad (2.17)$$

En considérant que la surface du rotor est lisse ($H_2=H_2(r)$) et que celle du stator est rugueuse donc $H_1=H_1(r, \theta)$, l'équation de Reynolds hors des zones de cavitation prend la forme suivante:

$$\dfrac{\partial}{\partial r}\left(\dfrac{r(H_1 - H_2)^3}{\mu}\dfrac{\partial p}{\partial r}\right) + \dfrac{\partial}{\partial \theta}\left(\dfrac{(H_1 - H_2)^3}{\mu r}\dfrac{\partial p}{\partial \theta}\right) = 6\, V_{\theta 2}\dfrac{\partial H_1}{\partial \theta} \quad (2.18)$$

La cavitation est prise en compte dans le modèle, en introduisant deux nouveaux paramètres dans l'équation 2.18 **[135]**, **[136]** : une fonction booléenne F indiquant si la zone est cavitée ou non, et une variable universelle D représentant alternativement la pression ou la densité. Les nouvelles composantes de la vitesse deviennent.

$$\begin{cases} V_r = \dfrac{1}{2\mu}\dfrac{\partial}{\partial r}(FD)\left[z^2 - (H_1 + H_2)z + H_1 H_2\right] \\ V_\theta = \dfrac{1}{2\mu r}\dfrac{\partial}{\partial \theta}(FD)\left[z^2 - (H_1 + H_2) + H_1 H_2\right] + V_{\theta 2}\left(\dfrac{z - H_1}{H_1 + H_2}\right) \end{cases} \quad (2.19)$$

L'équation de Reynolds prend la forme suivante :

$$F\frac{\partial}{\partial r}\left(\frac{r(H_1-H_2)^3}{\mu}\frac{\partial D}{\partial r}\right)+F\frac{\partial}{\partial \theta}\left(\frac{r(H_1-H_2)^3}{\mu r}\frac{\partial D}{\partial \theta}\right)=6 V_{\theta 2}\left[\frac{\partial H_1}{\partial \theta}+(1-F)\frac{\partial}{\partial \theta}(H_1 D)\right] \quad (2.20)$$

- Pour tous les éléments non cavités :

$$\begin{cases} D = p - p_{cav} > 0 \\ \rho = \rho_0 \\ F = 1 \end{cases} \quad (2.21)$$

- Pour tous les éléments cavités :

$$\begin{cases} D = \dfrac{\rho}{\rho_0} - 1 < 0 \\ p = p_{cav} \\ F = 0 \end{cases} \quad (2.22)$$

Cette formulation conduit à des valeurs positives de D dans les zones cavitées et négatives ailleurs. Dans le cas particulier, d'un écoulement laminaire et isotherme en régime hydrostatique (écoulement de Couette négligeable), le second membre de l'équation de Reynolds devient nul (équation 2.20):

$$F\frac{\partial}{\partial r}\left(\frac{r(H_1-H_2)^3}{\mu}\frac{\partial D}{\partial r}\right)+F\frac{\partial}{\partial \theta}\left(\frac{r(H_1-H_2)^3}{\mu r}\frac{\partial D}{\partial \theta}\right)=0 \quad (2.23)$$

La résolution de cette équation permet de déterminer le champ de pression hydrostatique.

2.3.1.3 Modélisation du contact

La prise en compte du contact des aspérités est un facteur indispensable pour traiter les problèmes de lubrification mixte. Le modèle présenté dans cette étude est basé sur la théorie d'Hertz. Les hypothèses retenues pour ce modèle sont les suivantes :

- les matériaux sont élastiques et homogènes ;
- le contact est uniquement normal ;
- les dimensions de la zone de contact sont petites par rapport au rayon de courbure de l'aspérité ;
- les solides sont supposés être en équilibre.

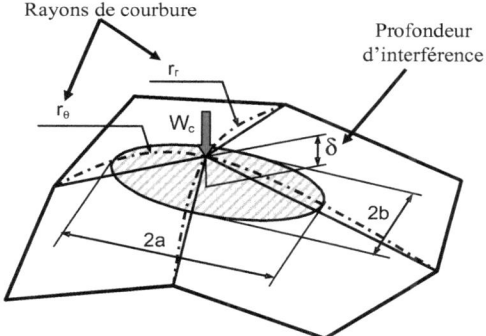

Figure 2. 19 : Contact au sommet d'une aspérité

Le modèle de contact retenu pour cette étude est celui publié par Hamrock et Dowson **[137]**. Ils ont proposé une solution décrivant un contact ellipsoïde/plan comme le montre la figure 2.19. La pression maximale dans le contact ellipsoïdal est calculée comme suit :

$$p_c = \frac{3}{2} \frac{W_c}{\pi a b} \qquad (2.24)$$

Dans cette expression, W_c est la charge de contact, a et b sont respectivement le demi grand axe et le demi petit axe de l'ellipse de contact. Ils sont liés par le paramètre d'ellipticité du contact k (k = a/b). La différence de courbure du contact est définie par :

$$\Gamma = r_{eq}\left(\frac{1}{r_r} - \frac{1}{r_\theta}\right) \qquad (2.25)$$

Où r_{eq} est le rayon de courbure et par l'expression :

$$r_{eq} = \left(\frac{1}{r_r} + \frac{1}{r_\theta}\right)^{-1} \qquad (2.26)$$

Il a également été démontré [138] que, le paramètre k peut être utilisé pour relier la différence de courbure Γ avec les intégrales elliptiques de premier et second ordre E et F :

$$k = \left[\frac{2F - E(1+\Gamma)}{E(1-\Gamma)}\right]^{1/2} \qquad (2.27)$$

$$\begin{cases} E = \int_0^{2\pi}\left[1 - \left(1 - \frac{1}{k^2}\right)\sin^2(\phi)\right]^{1/2} d\phi \\ F = \int_0^{2\pi}\left[1 - \left(1 - \frac{1}{k^2}\right)\sin^2(\phi)\right]^{-1/2} d\phi \end{cases} \qquad (2.28)$$

Les intégrales E et F sont alors calculées et leurs valeurs reportées dans l'expression (.2.28). Un processus itératif (méthode de Newton) est alors initié pour modifier la valeur de k. Lorsque la valeur finale de l'ellipticité est déterminée, tous les paramètres permettant de calculer la charge de contact sont connus. La charge de contact W_c est déduite de la valeur de l'interférence δ :

$$W_c = \pi k E_{eq}\left[\frac{2 E r_{eq}}{9}\left(\frac{\delta}{F}\right)^3\right]^{\frac{1}{2}} \qquad (2.29)$$

- ✓ r_{eq} est le rayon de courbure équivalent du sommet
- ✓ E_{eq} est le module d'élasticité équivalent du contact donné par la relation :

$$E_{eq} = \frac{2}{\left(\dfrac{1-\nu_1^2}{E_1}\right)+\left(\dfrac{1-\nu_2^2}{E_2}\right)} \quad (2.30)$$

La charge totale de contact W_t est la somme des charges supportées par toutes les aspérités de la surface :

$$W_t = \sum_{nsc} W_c \quad (2.31)$$

L'indice nsc désigne le nombre de sommets en contact. Les dimensions de l'ellipse de contact sont alors données par :

$$\begin{cases} a = \left(\dfrac{6k^2 E W_c r_{eq}}{\pi E_{eq}}\right)^{1/3} \\ b = \left(\dfrac{6 W_c r_{eq}}{\pi k E_{eq}}\right)^{1/3} \end{cases} \quad (2.32)$$

L'une des hypothèses évoquée précédemment (§ 2.3.1.1) consiste à dire que les faces sont supposées rigides et que seuls les sommets des aspérités se déforment. Pour vérifier la validité de cette hypothèse, on définit une géométrie équivalente à celle d'un contact sphère – plan dont les caractéristiques sont présentées sur la figure 2.20. Les sphères représentent la forme générale des rugosités

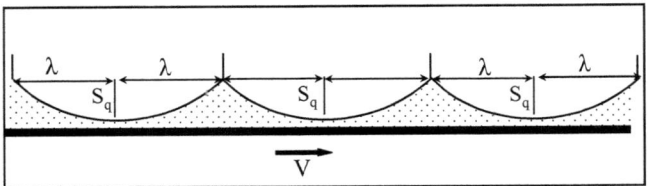

Figure 2. 20 : Elément de surface caractéristique

Le fluide lubrifiant n'ayant pas un caractère piézo-visqueux, le paramètre de piézo-viscosité sera négligé [137]. Le paramètre caractérisant le contact ElastoHydroDynamique (EHD) g_E peut être définit comme suit :

$$g_E = \left(\frac{F_{eq}}{E_{eq} r_{eq}^2}\right)^{8/3} \left(\mu \frac{v}{E_{eq} r_{eq}}\right)^2 \quad (2.33)$$

où F_{eq}, r_{eq} sont respectivement la force équivalente et rayon de courbure équivalent, donnés par les expressions :

- La force de contact équivalente

$$F_{eq} = p_{ext} (2\lambda)^2 \quad (2.34)$$

- Le rayon de courbure équivalent

$$r_{eq} = \frac{\lambda^2}{2 S_q} \quad (2.35)$$

Dans le cadre de notre étude, nous avons utilisés les valeurs caractéristiques suivantes:

- p = 1Mpa
- λ =10 µm (longueur de corrélation)
- S_q = 0,1 µm
- µ = 10^{-3} Pa.s

- $E_{eq} = 40$ Gpa

Pour différentes valeurs de vitesse (v =0,31- 31 m/s), nous avons trouvé $g_E < 10^2$. Ceci situe le problème en régime isovisqueux rigide **[137]** et permet de valider notre hypothèse sur la rigidité des surfaces.

2.3.1.4 Position d'équilibre axial de la garniture mécanique

La figure 2.21 montre les différentes forces agissant sur les éléments de la garniture. Le film sous pression tend à écarter les faces, qui restent en contact grâce aux efforts du ressort et le fluide sous pression. La force d'ouverture est calculée à partir de la portance hydrodynamique générée par le film fluide (W_h) et de la force de contact (W_t).

$$F_{ouv} = W_t + W_h \qquad (2.36)$$

Cette force est ensuite comparée à la force de fermeture, pour déterminer la valeur de l'écartement des faces pour laquelle le joint est en position d'équilibre.

$$F_{ferm} = \pi\left(R_{ext}^2 - R_h^2\right)p_{ext} + \pi\left(R_h^2 - R_{int}^2\right)p_{int} + F_{res} + F_{sec} \qquad (2.37)$$

La force due aux ressorts F_{res} et celle due au joint secondaire F_{res} sont négligées dans notre modèle. La position d'équilibre est effective lorsque le critère de convergence suivant est atteint :

$$\frac{F_{ferm} - F_{ouv}}{F_{ferm}} < \varepsilon \approx 10^{-5} \qquad (2.38)$$

Un processus itératif (méthode de Newton) est utilisé pour déterminer la position d'équilibre.

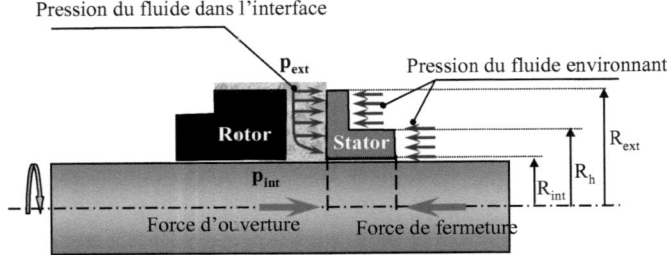

Figure 2. 21: Forces agissant sur la garniture en position d'équilibre

2.3.1.5 Paramètres analysés

Plusieurs paramètres sont utiles pour l'analyse du comportement des garnitures mécaniques.

Couple de frottement visqueux

Le film fluide séparant les deux surfaces est cisaillé sous l'effet de leur mouvement relatif tangentiel. Le couple de frottement visqueux résulte de l'intégration du cisaillement sur la surface de contact.

$$Cf_1 = \int_0^{2\pi} \int_{R_{int}}^{R_{ext}} r\tau_{\theta z}\, r\, dr\, d\theta \qquad (2.39)$$

Couple de frottement sec

Le couple de frottement sec dû au contact des aspérités (Cf_2) est obtenu en se donnant une valeur du coefficient de frottement sec (f_s).

$$Cf_2 = \sum_{nsc} r f_s W_c \qquad (2.40)$$

Dans cette expression, W_c est la charge supportée par une aspérité, et nsc est le nombre de sommets en contact.

Coefficient de frottement effectif

Dans notre contexte, le coefficient de frottement effectif est calculé à partir du couple de frottement sec et visqueux:

$$f = \frac{Cf + Cf_2}{R_{moy} F_{ferm}} \tag{2.41}$$

Portance

La portance hydrodynamique (W_h) est calculée en intégrant le champ de pression sur la surface de contact.

$$W_h = \int_{R_{int}}^{R_{ext}} \int_0^{2\pi} p\, r\, d\theta dr \tag{2.42}$$

La portance de contact W_t a déjà été définie (§ 2.3.1.3, équation (2.30)). Les deux grandeurs (W_h et W_t) sont adimensionnées par la force de fermeture :

Portance hydrodynamique :

$$W_h^* = \frac{W_h}{F_{ferm}} \tag{2.43}$$

Portance des contacts :

$$W_t^* = \frac{W_t}{F_{ferm}} \tag{2.44}$$

Débit

Le débit est déterminé en intégrant la vitesse sur une section définie.

$$q^{(r)} = \rho r \int_{\theta}^{\theta+\Delta\theta} \int_0^H V_r\, dz\, d\theta \tag{2.45}$$

2.4 Méthode multi-échelles et résolution numérique

Les méthodes de résolution multi-échelles présentées (Chapitre 1, § 1.5), sont des méthodes d'analyse permettant d'adapter les différentes échelles aux phénomènes physiques considérés. Le modèle multi-échelles mis en œuvre ici, permet de déterminer un champ de pression macroscopique suivant la direction radiale de la garniture ainsi qu'un champ local de pression microscopique.

2.4.1 Principe de l'approche multi-échelles

Dans l'approche multi-échelles, le domaine d'étude représenté par une section angulaire est délimité par le rayon intérieur et le rayon extérieur. Ce domaine est ensuite décomposé en plusieurs sous-domaines, délimités par des cercles concentriques. Ce découpage constitue le maillage macroscopique (Figure 2.22). Chaque sous-domaine est constitué à son tour, d'un maillage microscopique suivant un découpage cylindro-polaire, avec N_r éléments dans la direction radiale et N_θ élément dans la direction circonférentielle. Le principe de l'approche multi-échelles consiste à exprimer le champ de pression sur les frontières des sous-domaines, en utilisant la loi de conservation de la masse établie au moyen de coefficients calculés sur le maillage microscopique.

2.4.1 Résolution « maillage fin » ou « microscopique »

L'équation de Reynolds est souvent utilisée dans la résolution des écoulements de films minces. Elle traduit l'équilibre entre les débits circulant dans un contact. Pour tirer profit de cette définition, la méthode des volumes finis a été retenue, car elle est basée sur la conservation de débit massique. Son application passe par la discrétisation de l'interface de la garniture en cellules élémentaires, constituant le maillage du domaine (figure 2.23). Les hauteurs des cellules sont générées aux coins des éléments, définissant ainsi les sections de passage du fluide. La pression (ou la densité) étant calculée aux nœuds, les problèmes d'écoulement sont donc traités séparément des problèmes de contact.

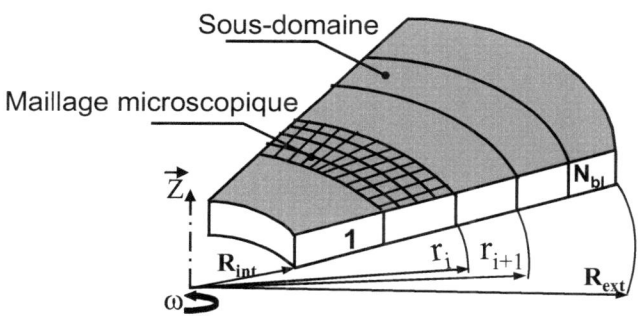

Figure 2. 22 : Maillage macroscopique et macroscopique du domaine d'étude

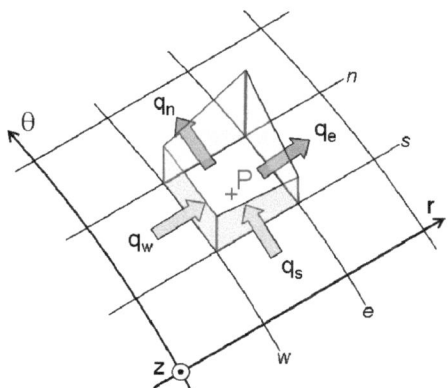

Figure 2. 23 : Géométrie d'un élément avec un bilan des débits

Le débit massique entrant par chaque côté du volume de la cellule est proportionnel à la vitesse et s'exprime comme suit:

$$\begin{cases} q^{(r)} = \rho\, r \int_{\theta}^{\theta+\Delta\theta} \int_{0}^{H} V_r\, d\theta\, dz \approx \rho\, r\, \Delta\theta \int_{0}^{H} V_r\, dz \\ q^{(\theta)} = \rho \int_{r}^{r+\Delta R} \int_{0}^{H} V_\theta\, dr\, dz \approx \rho\, \Delta R \int_{0}^{H} V_\theta\, dz \end{cases} \quad (2.\,46)$$

où

$$\begin{cases} V_r = \dfrac{1}{2\mu} \dfrac{\partial}{\partial r}(FD)[z(z-H)] \\ V_\theta = \dfrac{1}{2\mu r} \dfrac{\partial}{\partial \theta}(FD)[z(z-H)] + \left(\dfrac{H-z}{H}\right) r\omega \end{cases} \quad (2.\,47)$$

Les variables F et la variable D ont déjà été définies (§ 2.3.1.2). En reportant les expressions de l'équation (2.47) dans l'équation (2.46), puis en l'intégrant suivant l'épaisseur du film, on obtient les différentes expressions de débit dans chaque côté du volume :

$$\begin{cases} q_w^{(r)} = -\dfrac{h_w^3}{12\mu} R_w\, \Delta\theta\, \dfrac{\partial}{\partial r}(FD)_w \\ q_e^{(\theta)} = -\dfrac{h_e^3}{12\mu} R_e\, \Delta\theta\, \dfrac{\partial}{\partial r}(FD)_e \\ q_n^{(\theta)} = -\dfrac{h_n^3}{12\mu} \dfrac{\Delta R}{R_n\, \Delta\theta} \dfrac{\partial}{\partial \theta}(FD)_n + 0.5\, h_n\, \Delta R\, R_n\, \omega\left[1 - D_p(1 - F_p)\right] \\ q_s^{(r)} = -\dfrac{h_s^3}{12\mu} \dfrac{\Delta R}{R_s\, \Delta\theta} \dfrac{\partial}{\partial \theta}(FD)_s + 0.5\, h_s\, \Delta R\, R_s\, \omega\left[1 - D_s(1 - F_s)\right] \end{cases} \quad (2.\,48)$$

Les dérivées sont données par les relations:

$$\begin{cases} \dfrac{\partial}{\partial r}(FD)_s \approx \dfrac{F_P D_P - F_S D_S}{\Delta \theta} \\ \dfrac{\partial}{\partial r}(FD)_n \approx \dfrac{F_N D_N - F_P D_P}{\Delta \theta} \\ \dfrac{\partial}{\partial r}(FD)_e \approx \dfrac{F_E D_E - F_P D_P}{\Delta R} \\ \dfrac{\partial}{\partial r}(FD)_w \approx \dfrac{F_P D_P - F_W D_W}{\Delta R} \end{cases}$$

En régime stationnaire, la somme des débits résultant de la distribution de pression et du mouvement de faces doivent s'annuler dans chaque élément de maillage. Ainsi, l'équation de bilan est exprimée comme suit :

$$q_s^{(\theta)} - q_n^{(\theta)} - q_e^{(r)} + q_w^{(r)} = 0 \qquad (2.49)$$

En remplaçant les expressions 2.48 dans l'équation bilan 2.49, on obtient la forme simplifiée suivante:

$$A_P D_P + A_N D_N + A_S D_S + A_W D_W + A_E D_E + S_U = 0 \quad (2.50)$$

Le développement de cette expression conduit à un système linéaire dont la résolution par les techniques de décomposition permet de déterminer les pressions locales. Dans cette équation, le terme source S_u, (provient de l'écoulement de Couette), et les coefficients A_P, A_N, A_S, A_W, A_E sont des grandeurs qui peuvent être déterminées. Les conditions aux limites sur les frontières du domaine sont:

$$\begin{cases} p(r_i; \theta) = p_i \\ p(r_{i+1}; \theta) = p_{i+1} \end{cases} \qquad (2.51)$$

Par ailleurs, la continuité de la pression suivant les frontières circonférentielles est assurée en imposant la condition suivante sur le débit :

$$q_n(r,\theta_f) = q_s(r,0)$$
$$p(r,\theta_f) = p(r,0)$$
(2. 52)

2.4.2 Résolution « par domaines » ou « macroscopique »

Le modèle macroscopique est obtenu en décomposant le domaine à étudier en plusieurs sous-domaines réguliers dans la direction radiale (Figure 2.24). Ces sous-domaines sont délimités sur leurs bords par un arc de cercle de rayon (r_i), et on fait l'hypothèse que la pression est constante sur tout ce rayon.

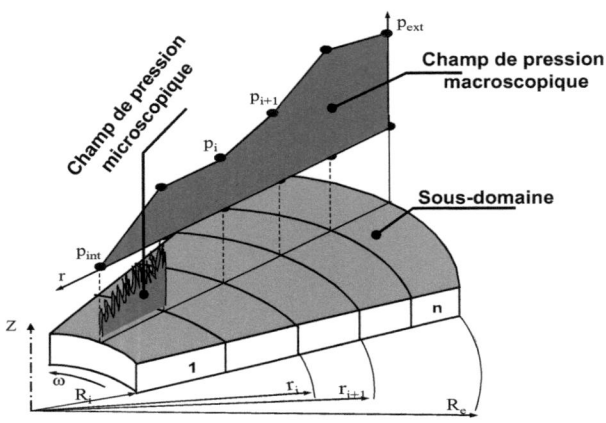

Figure 2. 24: Distribution de pression macroscopique

Le but est de déterminer la pression aux bornes de chaque sous-domaine afin d'obtenir le champ de pression macroscopique. Comme le montre la figure 2.24, l'hypothèse majeure du modèle consiste à imposer une pression constante sur les frontières de chaque sous-domaine. Sa validité sera discutée par la suite. Le débit moyen $q_r^{(i)}$ traversant un sous-domaine N_i, est une fonction des pressions p_i et p_{i+1} sur les frontière de rayons respectifs r_i et r_{i+1}.

$$q_r^{(i)} = q_r^{(i)}(p_i, p_{i+1}) \qquad (2.53)$$

L'équation (2.53) peut être linéarisée en utilisant un développement de Taylor au premier ordre. Ainsi, l'approximation de $q_r^{(i)}$ est donnée par l'expression suivante :

$$q_r^{(i)}(p_i + \Delta p_i, p_{i+1} + \Delta p_{i+1}) \cong q_{r(p_i, p_{i+1})}^{(i)} + a^{(i)} \Delta p_i + b^{(i)} \Delta p_{i+1} + o(\Delta p^2) \quad (2.54)$$

où $a^{(i)} = \dfrac{\partial q_r^{(i)}}{\partial p_i}$, et $b^{(i)} = \dfrac{\partial q_r^{(i)}}{\partial p_{i+1}}$

Les trois coefficients de l'équation 2.54 ($a^{(i)}$, $b^{(i)}$, et $q_r(p_i, p_{i+1})$) sont calculés au moyen du modèle microscopique correspondant à chaque sous-domaine. Ces coefficients peuvent être calculés indépendamment pour chaque sous-domaine, ce qui permet une parallélisation des calculs. Dès lors que ces coefficients sont connus, il est possible de déterminer la pression macroscopique en assurant la conservation de la masse entre les sous-domaines.

$$q_r^{(i)} = q_r^{(i+1)} \qquad (2.55)$$

soit

$$a^{(i)} \Delta p_i + \left[b^{(i)} - a^{(i+1)} \right] \Delta p_{i+1} - b^{(i+1)} \Delta p_{i+2} + q_r^{(i)}(p_i, p_{i+1}) - q_r^{(i+1)}(p_{i+1}, p_{i+2}) = 0 \quad (2.56)$$

Cette expression correspond à un système tridiagonal, dont la résolution nous permet de déterminer la pression aux bornes des sous domaines, soit la pression macroscopique.

2.4.3 Algorithme de résolution et calcul parallèle

Les conditions aux limites sur la pression sont celles présentées dans le paragraphe (§2.4.2). Les échanges de données entre les deux modèles se produisent lors de la résolution de l'équation (2.56), où le calcul des coefficients ($a^{(i)}$, $b^{(i)}$, et q_r) est fait avec le modèle microscopique. L'organigramme de la figure 2.25 présente l'ensemble de la procédure.

Au début du calcul, les différents paramètres sont définis: l'état de surface, les propriétés des matériaux, paramètres de conception et de fonctionnement. Le nombre de sous-domaines et l'épaisseur initiale de film sont également définis. Cette étape est suivie par un processus itératif, où les coefficients ($a^{(i)}$, $b^{(i)}$, et q_r) sont calculés dans chaque sous domaine. La résolution du champ de pression est faite par la méthode directe. Lorsque le critère de convergence sur la cavitation est atteint, il est possible de déterminer le débit pour la variation de pression imposée aux bornes et par conséquent les valeurs des coefficients $a^{(i)}$, $b^{(i)}$. La distribution de pression macroscopique est ensuite déterminée en résolvant un système tridiagonal correspondant à l'équation (2.56). Le processus est répété jusqu'à ce que le critère de convergence sur la pression soit atteint. En effet, la relation pression débit équation (2.53) n'est généralement pas linéaire en raison des phénomènes de cavitation.

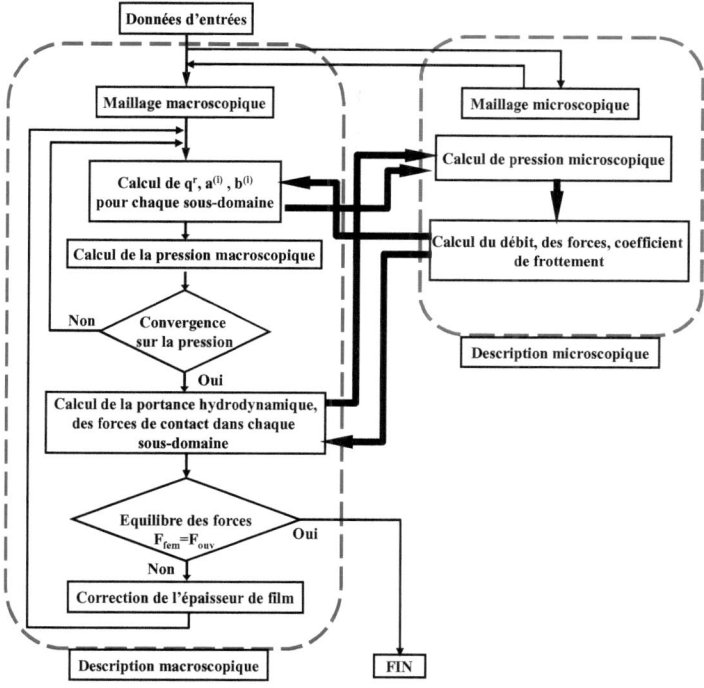

Figure 2. 25: Organigramme multi-échelles du modèle isotherme

Cette étape est suivie par le calcul des différentes forces dans chaque sous-domaine: force hydrodynamique et force de contact. La force d'ouverture est ensuite comparée à la force de fermeture. La recherche de la position d'équilibre est faite en réajustant la valeur de l'épaisseur de film fluide grâce à la méthode de Newton. L'équilibre est atteint lorsque la force de fermeture devient égale à la force d'ouverture.

Etant donné que les coefficients peuvent être calculés de façon indépendante dans chaque sous-domaine, il est facile de paralléliser le programme. Le calcul parallèle a pour objectif d'accélérer l'exécution des programmes, en répartissant le travail sur plusieurs processeurs, de manière à réduire le temps de calcul. On distingue deux types d'architectures de calcul parallèles, selon que les processeurs partagent ou non la même mémoire. L'architecture retenue, correspond à celle des machines multi-cœurs actuelles où les processeurs ont accès de façon identique à une mémoire partagée. Il faut pour cela identifier les parties de programme qui ne sont pas interdépendantes, et où on peut faire exécuter concurremment plusieurs processeurs. Les zones de calcul parallèle sont indiquées par un trait épais sur l'organigramme. Elles sont associées aux calculs microscopiques dans les sous-domaines. Le programme est codé en Fortran 95 et la librairie open MP est utilisée pour le calcul parallèle.

2.5 Validation

Afin d'évaluer la validité de la méthode multi-échelles, nous allons réaliser deux études comparatives. La première étude est une comparaison du champ de pression avec un résultat analytique, et la deuxième est une comparaison avec un modèle déterministe. Dans les deux cas, l'écoulement est supposé laminaire et isotherme.

2.5.1 Comparaison à une solution analytique

2.5.1.1 Géométrie des solides

Les figures 2.26 et 2.27 présentent la garniture modélisée, avec une configuration axisymétrique. Les anneaux sont délimités par leurs rayons intérieurs et extérieurs (R_{ext}, R_{int}). On examine d'abord le cas des faces lisses et planes avec une épaisseur de film constante, puis celui des faces lisses et coniques, avec une épaisseur de film variable.

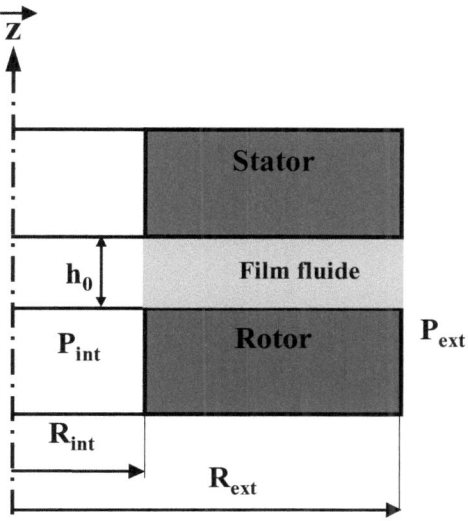

Figure 2. 26: Faces lisses et planes

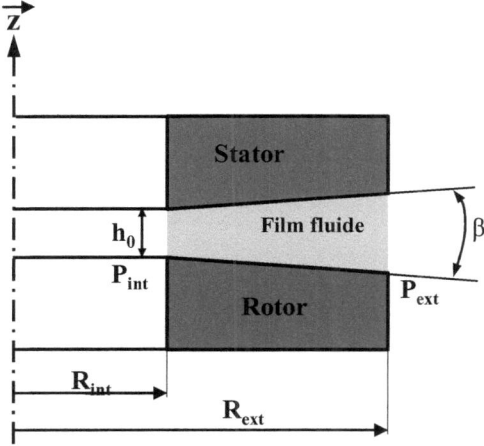

Figure 2. 27: Faces coniques

2.5.1.2 Cas de faces lisses et planes

En régime hydrostatique, et pour le cas des faces alignées, l'équation de Reynolds prend alors la forme suivante :

$$\frac{\partial}{\partial r}\left(rh^3 \frac{\partial p}{\partial r}\right) = 0 \qquad (2.57)$$

Cette équation admet une solution analytique dont l'expression est donnée par:

$$p(r) = p_{int} + \frac{p_{ext} - p_{int}}{\ln\left(\frac{R_{ext}}{R_{int}}\right)} \ln\left(\frac{r}{R_{int}}\right) \qquad (2.58)$$

Tableau 2.4: Paramètres de calcul dans les cas de faces lisses et parallèles

Paramètres géométriques	
Rayon intérieur R_{int}	0.029 m
Rayon extérieur R_{ext}	0.033 m
Hauteur des anneaux	0.05 m
Paramètres de fonctionnement	
Pression extérieure p_{ext}	1 Mpa
Pression intérieure p_{int}	0
Epaisseur de film h_0	3.10^{-7} m
Nombre de sous-domaines	5

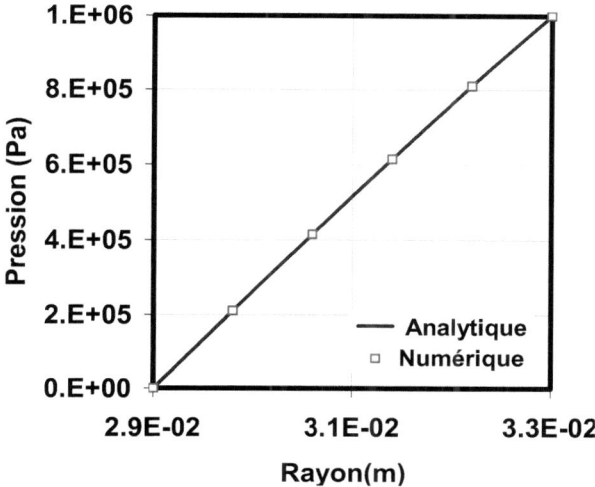

Figure 2. 28: Champ de pression pour le cas des faces lisses et parallèles

Les caractéristiques géométriques de la garniture ainsi que les paramètres de fonctionnement sont donnés dans le tableau 2.3. Sur la figure 2.28 est représenté le champ de pression en fonction du rayon, obtenu avec l'équation (2.58). Ce champ de pression est comparé à celui obtenu numériquement, et on observe une superposition des résultats donnés par les deux approches.

2.5.1.3 Cas de faces lisses et coniques

Dans le cas des faces coniques, la variation de l'épaisseur de film, en raison de la conicité, conduit à une équation de pression plus complexe :

$$p(r) = A\Phi(r) + B \quad , \quad \begin{cases} A = \dfrac{p_{ext} - p_{int}}{\Phi(R_{ext}) - \Phi(R_{int})} \\ B = p_{int} - A\Phi(R_{int}) \end{cases} \quad (2.59)$$

La fonction $\Phi(r)$ est définie par :

$$\Phi(r) = \frac{\ln(r)}{a^3} - \frac{\ln(a+b)}{a^3} + \frac{1}{a^2(a+b.r)} + \frac{1}{2.a(a+b.r)^2} \qquad (2.60)$$

avec $\begin{cases} a = h_0 - \beta.R_{int} \\ b = \beta \end{cases}$

Tableau 2.5: Paramètres de calcul faces dans le cas de faces coniques

Paramètres géométriques	
Rayon intérieur R_{int}	0.029 m
Rayon extérieur R_{ext}	0.033 m
Paramètres de fonctionnement	
Pression extérieur p_{ext}	1 Mpa
Pression intérieure p_{int}	0
Epaisseur de film h_0	3.10^{-7} m
Conicité β	$10^{-3}, 10^{-4}$ rad

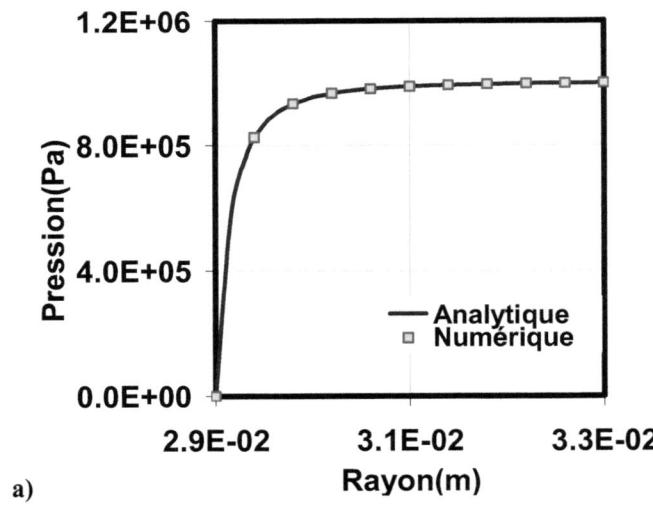

a)

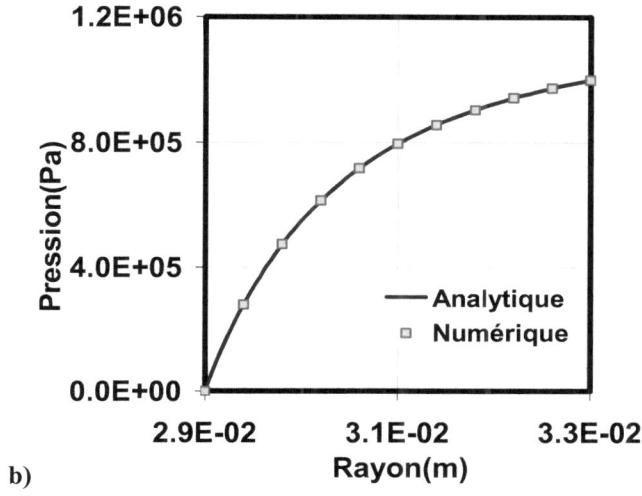

b)

Figure 2. 29 : Champ de pression pour 10 sous-domaines a) angle de conicité $\beta = 10^{-3}$ b) angle de conicité $\beta = 10^{-4}$

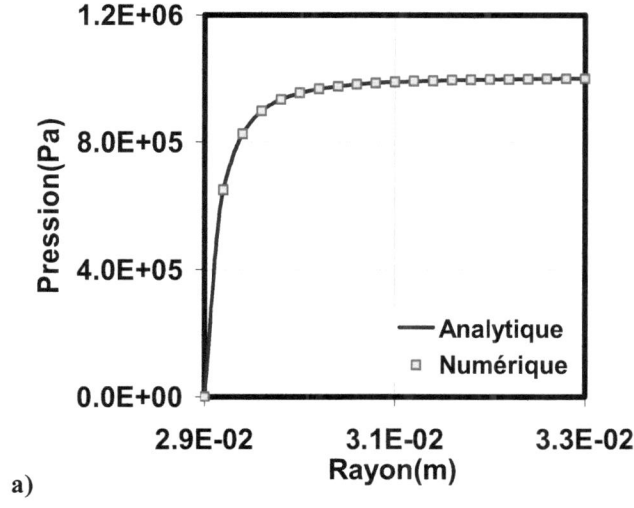

a)

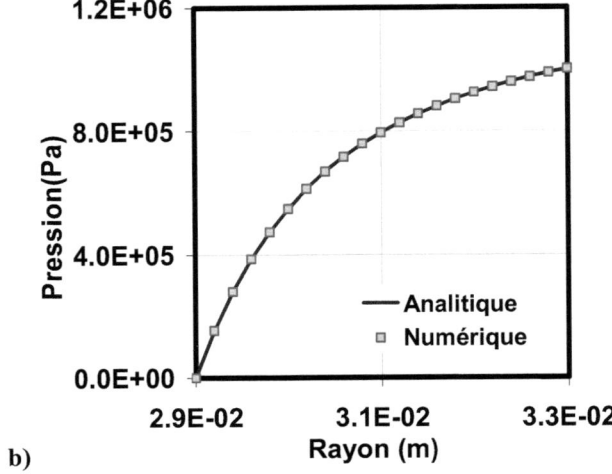

b)

Figure 2. 30: Champ de pression pour 20 sous-domaines a) angle de conicité $\beta = 10^{-3}$ b) angle de conicité $\beta = 10^{-4}$

Les figures 2.29 et 2.30 montrent la variation de la pression pour les garnitures à faces coniques. Elles représentent les distributions de pression obtenues avec le modèle numérique et l'expression analytique. La résolution avec le modèle numérique est faite en décomposant le domaine en 10 et en 20 sous-domaines avec deux valeurs de conicité différentes. On observe pour les deux cas, une parfaite corrélation des résultats. Ceci permet de valider le modèle multi-échelles pour le cas de faces lisses.

2.5.2 Comparaison du modèle multi-échelles avec un modèle déterministe

La configuration géométrique et cinématique du problème de lubrification mixte dans cette partie, est celle décrite au paragraphe 2.1. Nous rappelons que, le modèle déterministe qui nous sert de référence pour la comparaison est celui de Minet [7]. Les surfaces rugueuses utilisées dans ce modèle sont générées numériquement et adaptées pour la modélisation de la lubrification dans les garnitures mécaniques (figure 2.31 et 2.32). Les paramètres statistiques ainsi que le maillage sont présentés dans le tableau 2.7. Les données géométriques et de fonctionnement de la garniture sont, quant à elles, données dans le tableau 2.6. Les résultats et leurs analyses seront présentés en fonction du paramètre de service G. Ce nombre sans dimension est comparable au nombre de Hersey utilisé pour l'étude des paliers :

$$G = \mu \frac{\Delta R \, \omega \, R_{moy}}{F_{ferm}} \qquad (2.61)$$

Dans cette expression, μ est la viscosité dynamique, ω la vitesse de rotation, ΔR l'intervalle délimité par les rayons intérieur et extérieur de la garniture, R_{moy} est le rayon moyen de la garniture et F_{ferm} la force de fermeture.

Les simulations ont été faites pour différentes valeurs du nombre de sous-domaines du modèle multi-échelles dans les mêmes conditions de fonctionnement.

Tableau 2.6: Paramètres de calcul

Rayon intérieur R_{int}	0.029 m
Rayon extérieur R_{ext}	0.033 m
Pression extérieur p_{ext}	1 MPa
Pression intérieure p_{int}	0
Coefficient d'équilibrage B_h	0,75
Pression de cavitation p_{cav}	-0,01 MPa
Nombre de sous-domaines	5, 10, 20
Matériau Rotor	Carbone (C)
Matériau Stator	Carbure de Silicium
Vitesse de rotation	10 - 1000 rad.s^{-1}
Module d'Young Carbone	20 GPa
Module d'Young SiC	400 GPa

Tableau 2.7: Caractéristiques de surfaces rugueuse et maillage

	Surface B	Surface D
Ecart type des rugosités S_q	\multicolumn{2}{c}{0.1 µm}	
Coefficient Ssk (skewness)	- 2,7	-3
Coefficient Sk_u (kurtosis)	35,4	58
Longueur corrélation radiale à 80% (µm)	8	
Longueur corrélation circonférentielle à 80%(µm)	10	
Nombre de nœuds suivant la direction radiale	4000	
Nombre de nœuds suivant la direction circonférentielle	200	

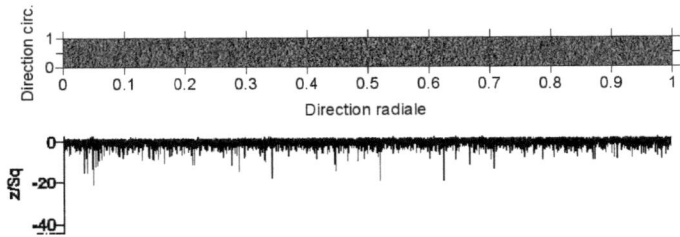

Figure 2. 31: Surface B

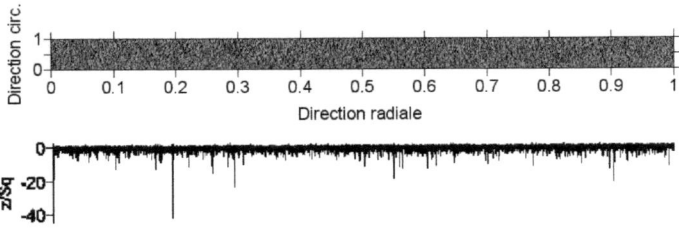

Figure 2. 32: Surface D

2.5.2.1 Courbes de Stribeck

Les courbes de Stribeck représentent une vue d'ensemble de la variation du coefficient de frottement sur les différents régimes de lubrifications (hydrodynamique, mixte). Les figures 2.33 et 2.34 montrent les courbes obtenues à partir des résultats numériques, en décomposant l'interface en un nombre de sous-domaine variable (Nbl= 5, 10, 20). Les trois courbes reproduisent l'allure de la courbe de Stribeck obtenue avec le modèle déterministe Il y a tout d'abord une zone décroissante correspondant au régime de lubrification mixte. Nous observons ensuite une zone où le coefficient de frottement atteint un minimum puis augmente avec la vitesse. Celle-ci correspond au régime de lubrification hydrodynamique. L'analyse de ces courbes nous montre que, pour les différents nombres de sous-domaines, les courbes de Stribeck obtenues avec le modèle multi-échelles sont en bonne corrélation avec les résultats du modèle déterministe.

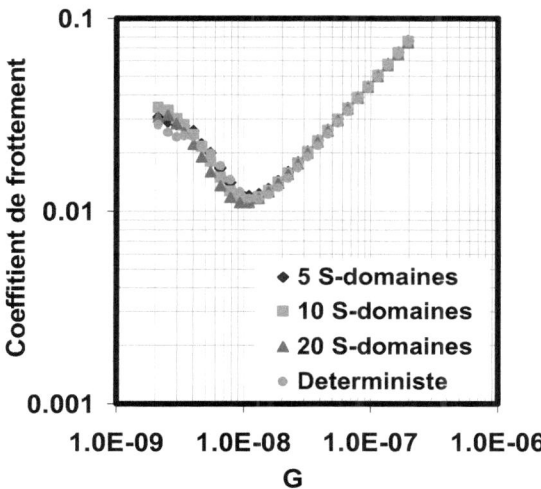

Figure 2. 33: Comparaison des courbes de Stribeck obtenues avec le modèle multi-échelles et le modèle déterministe (Surface B)

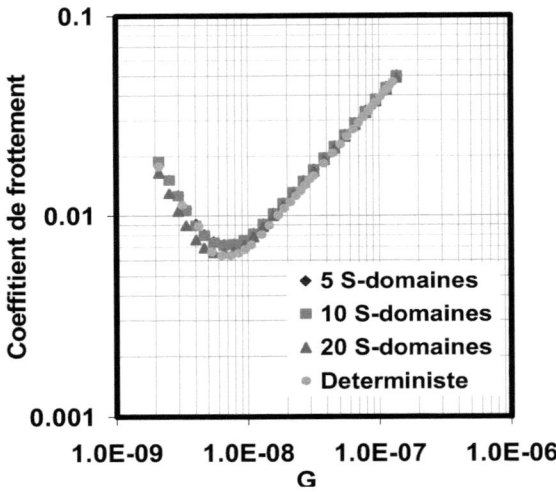

Figure 2. 34: Comparaison des courbes de Stribeck obtenues avec le modèle multi-échelles et le modèle déterministe (Surface D)

2.5.2.2 Cavitation

Nous avons analysé l'amplitude du phénomène de cavitation dans le film lubrifiant avec le modèle multi-échelles, et comparé les résultats obtenus à ceux du modèle déterministe. Les figures 2.35 et 2.36 représentent le taux de cavitation en fonction du paramètre de service (G). Le pourcentage de cavitation augmente avec le paramètre (G). L'écart observé entre les courbes met en évidence la sensibilité du résultat au nombre de sous-domaines choisi pour la modélisation. Ceci provient de la pression imposée sur les bornes de chaque sous-domaine où la pression positive limite l'étendue des zones de cavitation. Comme on le voit sur les figures 2.35 et 2.36 la cavitation diminue lorsque Nbl augmente.

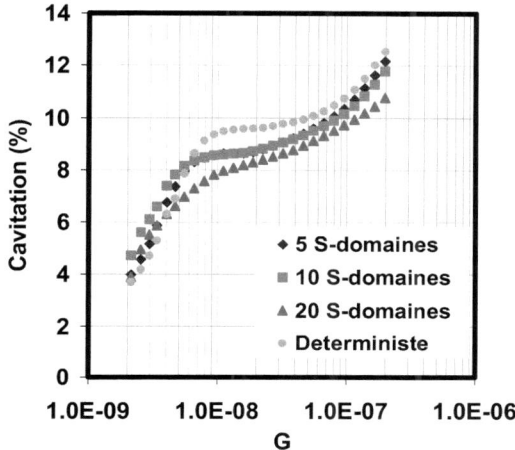

Figure 2. 35: Comparaison du taux de cavitation obtenu avec le modèle multi-échelles et modèle déterministe (Surface B)

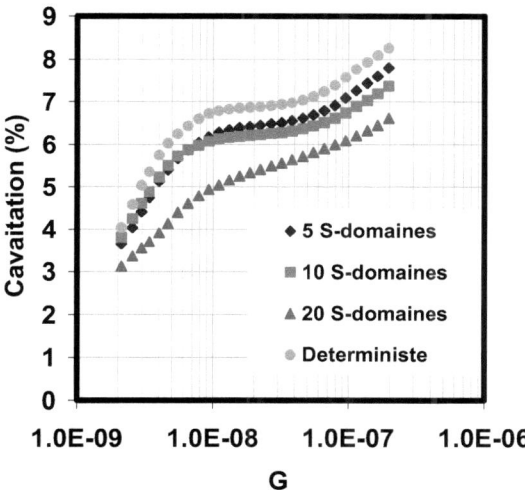

Figure 2. 36: Comparaison du taux de cavitation obtenu avec le modèle multi-échelles et modèle déterministe (Surface D)

2.5.2.3 Force hydrodynamique et force de contact

Les courbes de portance hydrodynamique et de force de contact pour le modèle multi-échelles et le modèle déterministe sont présentées sur les figures 2.37 et 2.38. Elles montrent la variation des forces en fonction du paramètre de service G. On observe une corrélation des résultats du modèle multi-échelles et du modèle déterministe. Par ailleurs, on voit que, la génération de portance hydrodynamique augmente avec le paramètre de service (G). En effet, la génération de portance hydrodynamique contribue à la séparation des faces de frottement et donc à décharger les aspérités en contact, conduisant à une annulation progressive de la force de contact. La figure nous montre un léger écart entre les courbes dans la zone de lubrification mixte jusqu'à une certaine valeur de G.

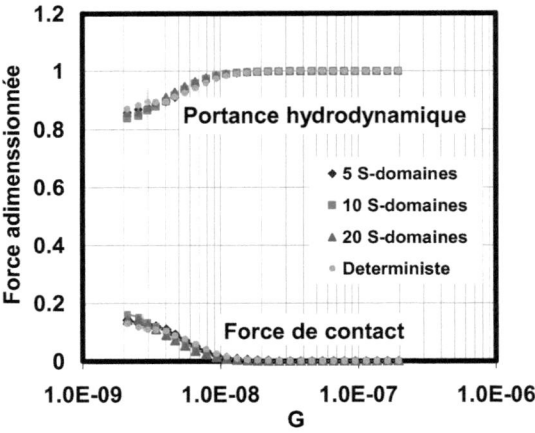

Figure 2. 37: Portance hydrodynamique et force de contact pour le modèle multi-échelles et le modèle déterministe (Surface B)

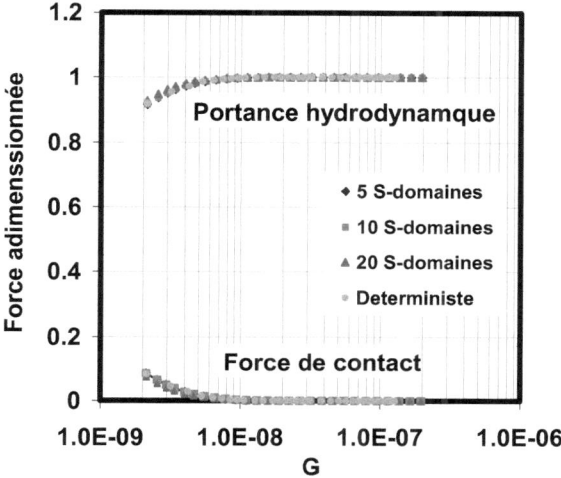

Figure 2. 38: Portance hydrodynamique et force de contact pour le modèle multi-échelles et le modèle déterministe (Surface D)

2.5.2.4 Variation de l'épaisseur de film

Les figures 2.39 et 2.40 présentent la variation de la distance moyenne (h_0) entre les anneaux en fonction du paramètre G. Cette distance entre le centre des faces de la garniture reste de l'ordre de quelques dixièmes de micron. On l'appellera dans la suite, la séparation de faces ou épaisseur de film lorsque les faces sont planes. On peut constater sur ces figures que, l'épaisseur de film pour les deux surfaces augmente avec le paramètre G. On observe néanmoins que, l'épaisseur du film atteinte avec la surface B est plus faible, par rapport à celle de la surface D. De manière générale, les résultats du modèle multi-échelles sont très proches du modèle déterministe.

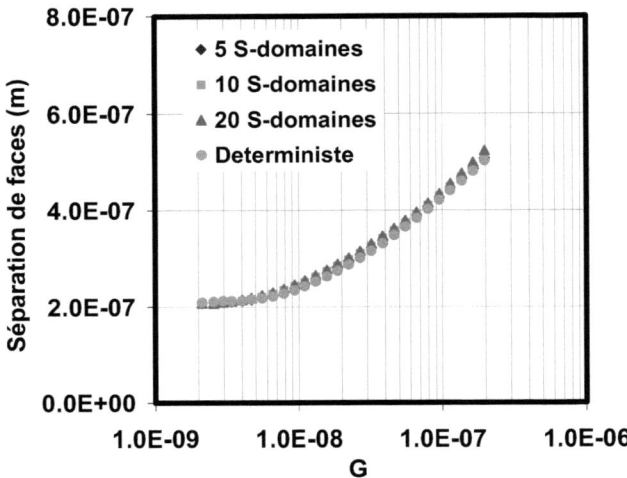

Figure 2. 39: Epaisseur de film séparant les anneaux, pour le modèle multi-échelles et le modèle déterministe (surface B)

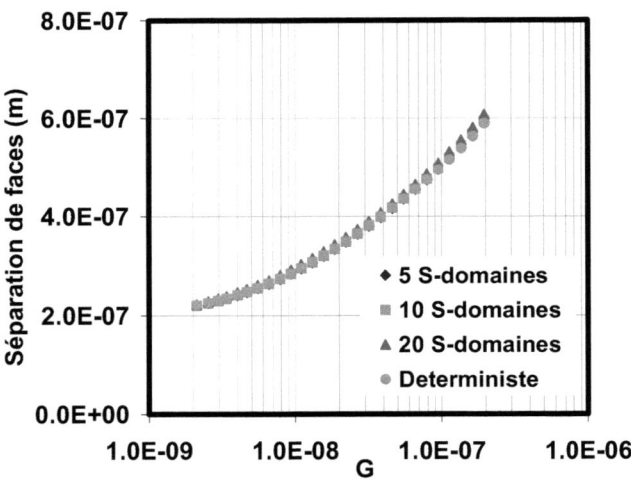

Figure 2. 40: Epaisseur de film séparant les anneaux, pour le modèle multi-échelles et le modèle déterministe (surface D)

2.5.2.5 Champ de pression macroscopique suivant le rayon

Sur la figure 2.41 est représenté le champ de pression macroscopique suivant le rayon, pour différentes valeurs de G. Ce résultat est donné pour une décomposition en 20 sous-domaines pour les deux surfaces (B et D). Le résultat obtenu montre que, malgré la conservation de débit dans les sous-domaines, le gradient de pression est différent. Ceci signifie que, la relation entre le débit et la pression équation (2.53) n'est pas constante d'un sous-domaine à un autre. Les gradients inversés indiquent qu'un pompage radial se produit dans certaines zones, ce qui favorise le développement d'une portance. Le champ de pression se développe progressivement lorsque le paramètre G augmente.

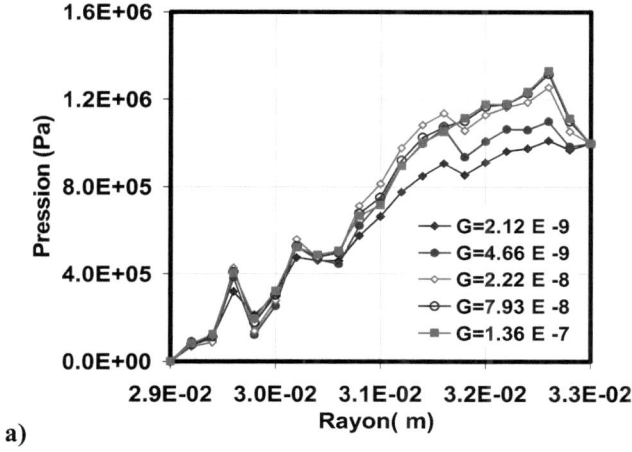

a)

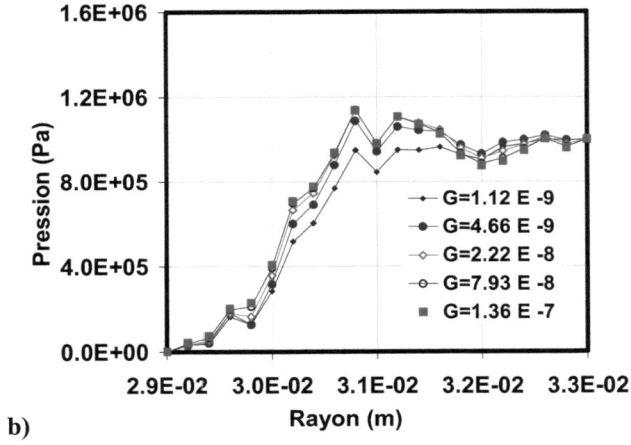

b)

Figure 2. 41: Champ de pression macroscopique pour différentes valeur de G (surface B/ surface D)

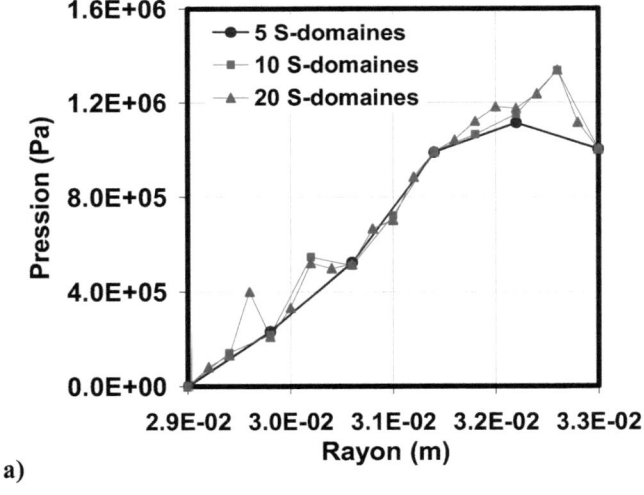

a)

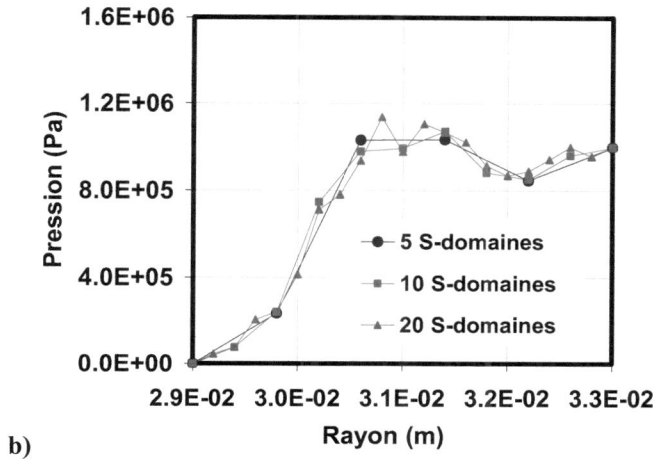

b)

Figure 2. 42: Champ de pression macroscopique pour différent nombre de sous-domaines, avec G= 1.97E-07 (surface B/ surface D)

La figure 2.42 quant à elle, représente la distribution de pression suivant la direction radiale, pour différentes valeurs du nombre de sous-domaines. Les résultats sont donnés pour une même valeur de G (G = 1.97 E-7). Nous constatons que, le nombre de sous-domaines affecte peu l'allure générale du champ pression macroscopique.

2.5.2.6 Champ de pression microscopique

L'objectif dans ce paragraphe est de comparer le champ de pression local, obtenu avec le modèle multi-échelles et le modèle déterministe. L'une des hypothèses du modèle multi-échelles consiste à imposer la pression sur les frontières de chaque sous-domaine. La figure 2.43 montre le champ de pression obtenu avec le modèle multi-échelles et le modèle déterministe dans les mêmes conditions de fonctionnement (G = 2.12 E-8). Le domaine est décomposé en 20 sous-domaines avec un total de 4000 nœuds dans la direction radiale et 200 dans la direction circonférentielle. Les champs de pression semblent parfaitement identiques. La transition d'un sous-domaine à un autre est difficilement identifiable. Pour plus de clarté, une partie de la figure a été agrandie afin d'apprécier les zones de découpage du domaine étudié. Une comparaison des profils de pression obtenus à partir des modèles déterministe et multi-échelles est présentée sur la figure 2.44. On peut voir que le modèle multi-échelles n'affecte que localement la distribution de pression au voisinage des frontières des sous-domaines, mais que son effet est négligeable sur la majorité de la distribution de pression. Cet exemple illustratif est présenté ici afin de valider l'hypothèse utilisée.

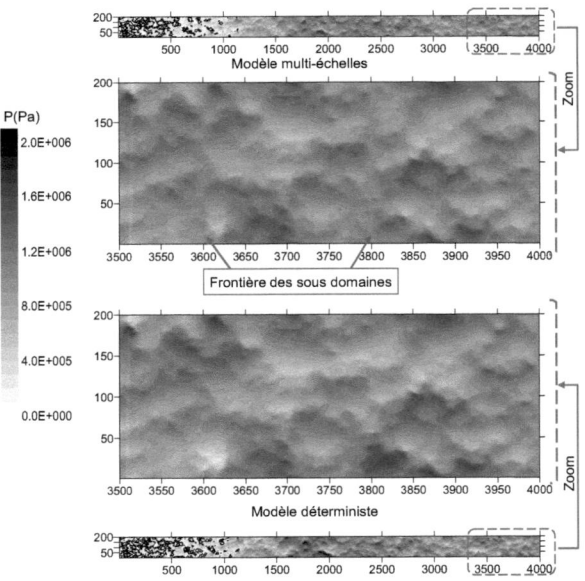

Figure 2. 43: Champ de pression globale du modèle déterministe et multi-échelles (Surface D, G =2.12 E-8)

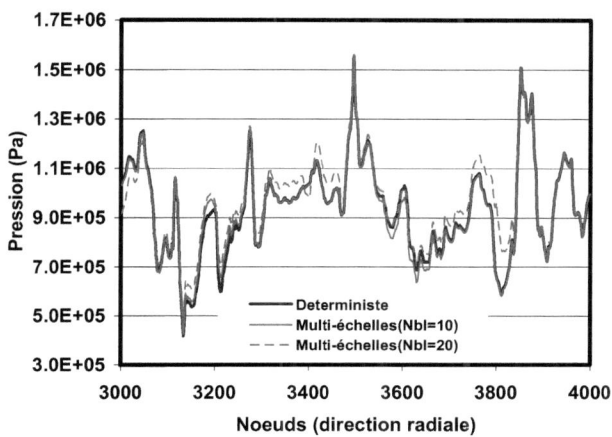

Figure 2. 44: Comparaison des profils de pression obtenus avec les différents modèles (Surface D, G =2.12 E-8, coupe au milieu de la surface)

2.5.3 Performances du modèle

Les performances du modèle multi-échelles peuvent être évaluées en termes de gain en temps de calcul, et de précision vis à vis du modèle déterministe. Nous allons examiner ces deux aspects l'un après l'autre.

2.5.3.1 Temps de calcul

L'une des principales préoccupations de ces travaux est de réduire le temps de calcul CPU par la méthode multi-échelles. Un gain de temps supplémentaire est possible grâce à l'utilisation du calcul parallèle. Ce mode de calcul permet d'utiliser totalement toutes les ressources de la machine. En effet, la plupart des ordinateurs actuels, sont équipés d'au moins deux cœurs.

Les figures 2.45 montrent la variation du temps de calcul en fonction du nombre de sous-domaines utilisés. L'analyse de ces courbes montre que le temps de calcul diminue lorsque le nombre de sous-domaine est supérieur à 5. Les résultats présentés ici ont été réalisés avec un ordinateur à deux processeurs. On constate que, le calcul parallèle permet de réduire significativement le temps d'exécution du programme. Le temps de calcul est divisé par au moins 5 en utilisant un ordinateur équipé d'un processeur à deux cœurs et un découpage de Nbl=20. Dans la suite de l'étude, nous utiliserons un ordinateur équipé de deux processeurs ayant chacun huit cœurs. Ceci nous a permis de réduire de façon importante le temps de calcul, ce qui était l'un des objectifs de cette étude.

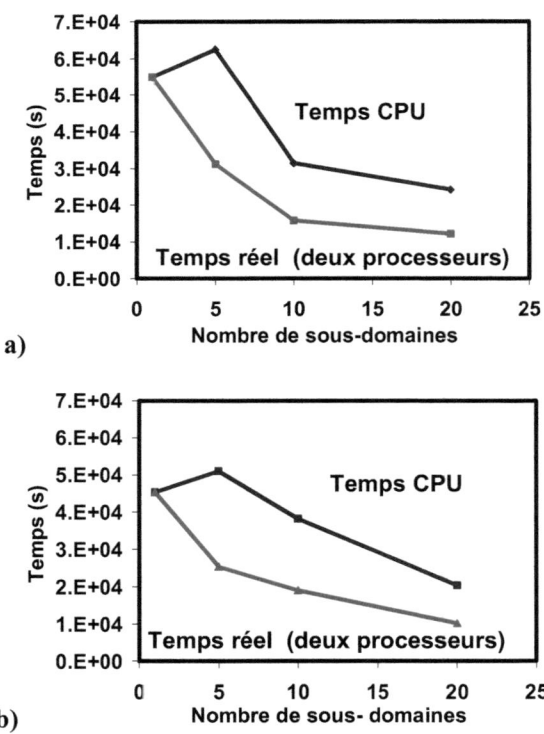

Figure 2. 45: Comparaison du temps de calcul avec deux processeurs : a) surface B, b) surface D

2.5.3.2 Ecart relatif

Les écarts relatifs moyens sur le coefficient de frottement, le taux de cavitation et de l'épaisseur de film en fonction du nombre de sous-domaines, sont représentés sur la figure 2.46. Ces écarts sont définis par rapport au modèle déterministe. Elles sont données par les expressions suivantes :

$$\begin{cases} \text{Ecart}(f) = \left| \dfrac{\langle f \rangle_{\text{Deter}} - \langle f \rangle_{\text{ME}}}{\langle f \rangle_{\text{Deter}}} \right| \\[2mm] \text{Ecart}(cav) = \left| \dfrac{\langle cav \rangle_{\text{Deter}} - \langle cav \rangle_{\text{ME}}}{\langle cav \rangle_{\text{Deter}}} \right| \\[2mm] \text{Ecart}(h) = \left| \dfrac{\langle h \rangle_{\text{Deter}} - \langle h \rangle_{\text{ME}}}{\langle h \rangle_{\text{Deter}}} \right| \end{cases} \qquad (2.62)$$

$\langle f \rangle, \langle h \rangle, \langle cav \rangle$ sont respectivement les valeurs moyennes du coefficient de frottement, de l'épaisseur de film et du taux de cavitation obtenues à la fin du calcul, pour un nombre de sous-domaine défini. En analysant le tracé des courbes, on constate que les erreurs sur les différents paramètres augmentent logiquement avec le nombre de sous-domaines sauf dans le cas du coefficient de frottement pour la surface D. Bien que l'erreur moyenne sur le pourcentage de cavitation atteigne des valeurs élevées (près de 20%), l'écart relatif de l'épaisseur du film reste relativement faible (moins de 5%). Les écarts induits par le modèle proviennent de la condition de pression imposée sur les frontières des sous-domaines. En conséquence, ils sont plus élevés lorsque le nombre de sous-domaines augmente. Les tableaux 2.8 et

2.9 montrent les valeurs moyennes obtenues avec un modèles sur l'intervalle du paramètres G (G = 2,12 E-09 - 1,96 E-07).

Tableau 2.8: Valeurs obtenues de la surface B (G= 2.12 E-9 à G= 1.96E-7)

	Déterministe	5 Nbl	10 Nbl	20 Nbl
Coefficient de frottement	$2.769.10^{-02}$	$2.901.10^{-02}$	$2.897.10^{-02}$	$2.514.10^{-02}$
Epaisseur de film	$3.052.10^{-07}$	$3.093.10^{-07}$	$3.114.10^{-07}$	$3.156.10^{-07}$
Cavitation	8.958	8.609	8.715	8.060

Tableau 2.9: Valeurs obtenues de la surface D (G= 2.12 E-9 à G=1.96 E-7)

	Déterministe	5 Nbl	10 Nbl	20 Nbl
Coefficient de frottement	$2.020.10^{-02}$	$2.098.10^{-02}$	$2.117.10^{-02}$	$2.030.10^{-02}$
Epaisseur de film	$3.598.10^{-07}$	$3.591.10^{-07}$	$3.604.10^{-07}$	$3.685.10^{-07}$
Cavitation	6.674	6.177	6.029	5.129

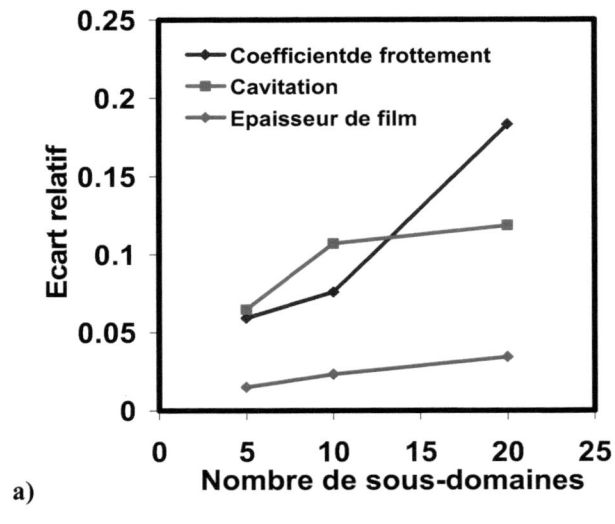

a)

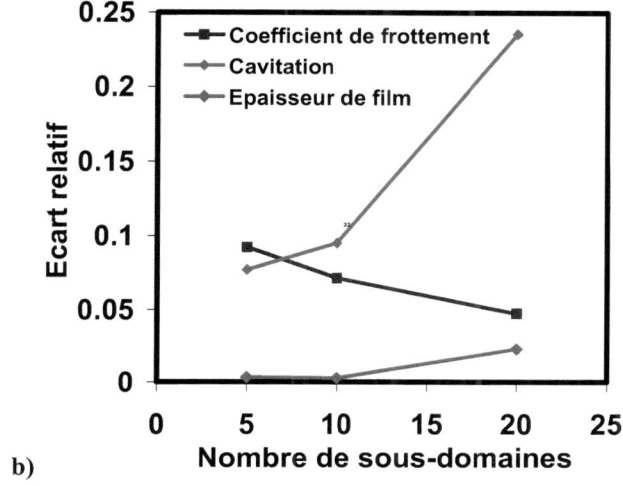

b)

Figure 2. 46: a) Ecart relative surface B, b) Ecart relative surface D)

2.6 Conclusion

La modélisation de la lubrification mixte dans les garnitures mécaniques a été décrite dans ce chapitre. Tout d'abord, une étude expérimentale visant à disposer de valeurs réelles des paramètres caractéristiques de surfaces a été menée. Cette étude a consisté à évaluer l'évolution des paramètres caractéristiques des surfaces au cours du rodage. Au terme de cette étude, il a été difficile de tirer une conclusion sur l'évolution des paramètres statistiques au cours du temps. Néanmoins, nous avons pu constater que la hauteur de rugosité pour les faces en carbone après le rodage est plus élevée que la valeur initiale.

Ensuite, les équations de la mécanique des films minces visqueux ont été établies pour un modèle de garniture mécanique à un degré de liberté en prenant en compte l'apparition éventuelle des zones de cavitation. Le problème de la lubrification mixte a été résolu par une méthode multi-échelles. Cette dernière a consisté à décomposer le domaine d'étude en plusieurs sous-domaines, délimités par des cercles concentriques. Ce découpage constituant le maillage macroscopique est à son tour constitué d'un maillage microscopique dans un plan cylindro-polaire. La méthode a permis d'exprimer le champ de pression sur les frontières des sous-domaines en utilisant la loi de conservation de la masse, établie au moyen de coefficients calculés sur le maillage microscopique.

Enfin, une dernière partie a consisté à présenter la validation du modèle multi-échelles, en le comparant à une solution analytique d'une part, puis à un modèle déterministe d'autre part. Les différents résultats confirment la pertinence du modèle multi-échelles. Le temps de calcul diminue avec le nombre de sous-domaines, mais s'accompagne d'une perte de précision par rapport au modèle déterministe. L'objectif principal de ce chapitre visant à réduire le temps de calcul a été atteint.

CHAPITRE III

3 Comportement thermique

Ce chapitre présente la modélisation du comportement thermique des garnitures mécaniques. La première partie est consacrée à la description du modèle géométrique et cinématique. Ensuite, la modélisation du comportement thermique dans les garnitures mécanique. Les différentes équations et les méthodes de résolution numérique utilisées pour les traiter seront détaillées. Nous terminerons cette étude par la validation du modèle en le comparant avec un modèle TEHD (comportement thermique et déformations associées) pour le cas des faces lisses. Le cas de lubrification mixte sera étudié et analysé, en comparant les modèles Hydro-Dynamique (HD), puis le modèle Thermo-Hydro-Dynamique (THD) sans calcul de déformation et enfin en prenant compte les déformations, avec le modèle Thermo-Elasto-Hydro-Dynamique (TEHD).

3.1 Modèle d'écoulement d'un film mince visqueux non isotherme entre des surfaces rugueuses

Dans cette partie, nous établissons les hypothèses et l'équation gouvernant l'écoulement non isotherme d'un fluide newtonien incompressible. Le modèle de lubrification traité au chapitre précédent est repris en considérant le problème non isotherme.

3.1.1 Modèle géométrique et cinématique

Le modèle géométrique et cinématique utilisé dans cette partie est décrit sur la figure 3.1. C'est le modèle de garniture à un degré de liberté dont la description a été présentée au chapitre précédent (§2.1).

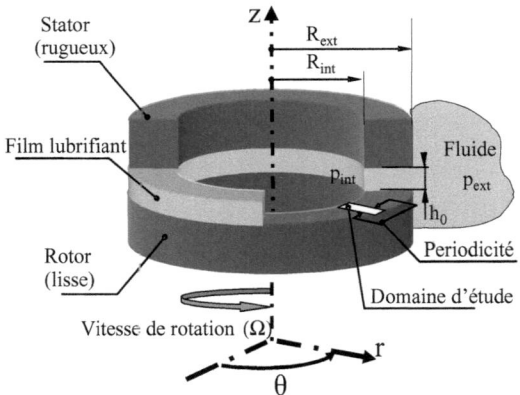

Figure 3. 1: Configuration géométrique de la garniture

3.1.2 Hypothèses du modèle non isotherme

Dans le cas d'écoulement d'un film mince non isotherme, nous reprenons entièrement les hypothèses énoncées au chapitre 2 (§ 2.3.1.1). De plus, pour la prise en compte des effets thermiques nous ajoutons l'hypothèse suivante: la température dans le film ne varie pas suivant la direction axiale

(z) et circonférentielle, mais ne varie que suivant la direction radiale. Ceci se justifie par la très faible épaisseur de film, qui s'annule dans les zones de contact. Cette hypothèse a deux conséquences immédiates :

- les températures des faces sont égales $T_1(r)=T_2(r)$,
- la viscosité varie en fonction de rayon : $\mu [T(r)]$

Nous pouvons ajouter à ces hypothèses, la non variation de la masse volumique de la phase liquide.

3.1.3 Equation de Reynolds non isotherme

L'équation des films minces visqueux non isotherme est utilisée ici avec une loi de viscosité exponentielle. Compte tenu des hypothèses énoncées au paragraphe précédent, **l'équation de Reynolds** non isotherme prend la forme suivante :

$$F\frac{\partial}{\partial r}\left(\frac{r(H_1-H_2)^3}{\mu [T(r)]}\frac{\partial D}{\partial r}\right)+F\frac{\partial}{\partial \theta}\left(\frac{r(H_1-H_2)^3}{\mu [T(r)]r}\frac{\partial D}{\partial \theta}\right)=6V_{\theta 2}\left[\frac{\partial H_1}{\partial \theta}+(1-F)\frac{\partial}{\partial \theta}(H_1 D)\right] \quad (3.1)$$

3.1.4 Variation de la viscosité

Dans la plupart des cas étudiés, nous utilisons de l'eau ou de l'huile comme lubrifiant. Pour ce type de fluide, la viscosité dépend généralement de la température. Les caractéristiques des lubrifiants utilisés sont données sur le tableau 3.1. La figure 3.2 montre la variation de la viscosité en fonction de la température pour une loi exponentielle de la forme :

$$\mu[T(r)] = \mu_0 \exp[-\beta_f (T(r) - T_f)] \quad (3.2)$$

Dans cette équation T_f est la température initiale du fluide, μ_0 la viscosité à T_f et β_f le coefficient de thermoviscosité.

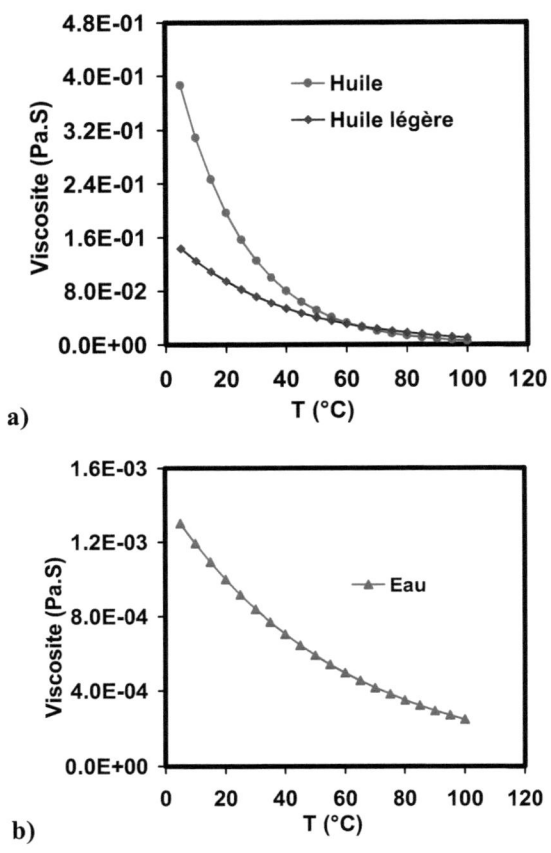

Figure 3. 2: Variation de la viscosité en fonction de la température: a) cas de l'huile et de l'huile légère, b) cas de l'eau

Tableau 3. 1: Caractéristique des lubrifinats

	Viscosité μ_0 (Pa.s)	Themoviscosité (β_f)	T_f (°C)
huile légère	0.0176	0.028	80
Huile	0.08	0.045	40
Eau	0.001	0.0175	20

3.2 Transferts de chaleur dans l'interface de la garniture

Pour évaluer les transferts de chaleur dans l'interface de la garniture, on fait l'hypothèse suivante: le flux (φ) dissipé par frottement dans le film, est entièrement transmis aux anneaux par conduction. Ceci peut se traduire par:

$$\varphi_{\text{dissipé}} = \varphi_{1,\text{conduction}} + \varphi_{2,\text{conduction}} \tag{3.3}$$

L'énergie produite dans l'interface provient essentiellement du mouvement de rotation des faces, donc du frottement visqueux et du frottement au contact des aspérités. Le flux de chaleur généré dépend alors de la puissance dissipée par frottement sur un domaine défini. D'autre part, les températures des faces étant égales, la répartition du flux dans chaque anneau est fonction de la conductivité des matériaux et des conditions de transfert thermique aux parois.

Pour calculer le flux dissipé au nœud du maillage, on cherche d'abord à déterminer le couple de frottement sur une section $S_{\text{macr\_el}}$ (section limitée par les arcs passant par le milieu de deux macro-éléments adjacents) comme illustré sur la figure 3.3. L'équation (3.3) peut alors se mettre sous la forme:

$$\frac{Cf_{\text{macr\_el}}}{S_{\text{macr\_el}}}\omega + \left[K_1 \frac{\partial T(r)}{\partial z}\bigg|_{H_1^+} - K_2 \frac{\partial T(r)}{\partial z}\bigg|_{H_2^-} \right] = 0 \tag{3.4}$$

$Cf_{\text{macr\_el}}$ est le coefficient de frottement calculé sur une section $S_{\text{macr\_el}}$. K_1 et K_2 sont respectivement les conductivités thermiques de l'anneau 1 et 2.

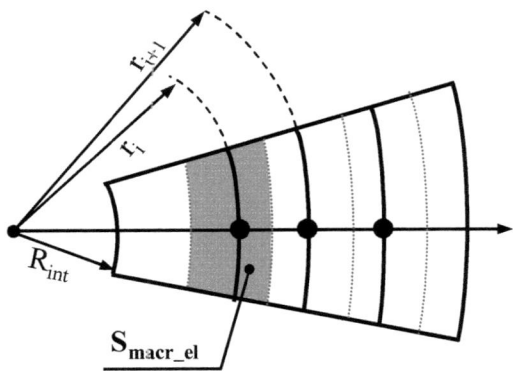

Figure 3. 3: Définition du domaine sur lequel est calculé le flux de chaleur autour d'un nœud

3.3 Transferts de chaleur dans les anneaux

3.3.1 Equation de la chaleur

La figure 3.4 représente la configuration géométrique de la garniture ainsi que les différentes interfaces d'échange de chaleur. Les anneaux sont constitués de différents matériaux ; carbure de silicium pour le stator et carbone pour le rotor. Cependant, les deux anneaux partagent la même interface où est générée la chaleur. Les champs de température dans les anneaux sont déterminés par l'équation de la chaleur, encore appelée équation de conduction dans un solide. La configuration du problème étant axisymétrique et stationnaire, l'équation de chaleur prend la forme :

$$K_i\left(\frac{1}{r}\frac{\partial T}{\partial r}+\frac{\partial^2 T}{\partial r^2}+\frac{\partial^2 T}{\partial z^2}\right)=0 \qquad (3.5)$$

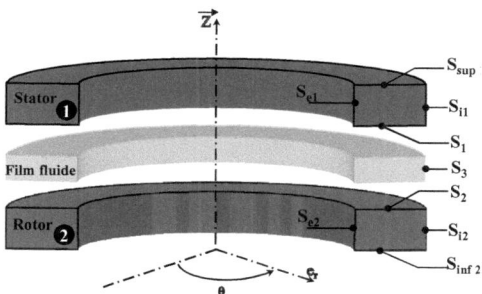

Figure 3. 4: Géométrie et différentes interfaces de transferts thermiques

3.3.2 Conditions aux limites

Les conditions aux limites thermiques sont représentées sur la figure 3.5. Cette figure montre que plusieurs types de transferts de chaleur peuvent être envisagés. Les frontières qui ne sont pas en contact avec le fluide (S_{e1}, S_{e2}, S_{sup}, S_{inf}, figure 3.4) sont supposées adiabatiques $\left(\dfrac{\partial T}{\partial n} = 0\right)$.

Les échanges du coté extérieur (S_{i1}, S_{i2}) se font par convection avec le fluide à étancher :

$$-K\dfrac{\partial T}{\partial r}\bigg|_{R_{ext}} = h_c (T_{R_{ext}} - T_f) \qquad (3.6)$$

où h_c est calculé au moyen de la formule empirique de Becker **[114]** et s'écrit comme suit :

$$h_c = 0.133 \dfrac{K_f}{2R_{ext}} \left(\dfrac{2\rho\omega R_{ext}^2}{\mu}\right)^{2/3} \left(\dfrac{C_p \mu}{K_f}\right)^{1/3} \qquad (3.7)$$

Dans l'interface, une condition de flux est imposée (équation (3.4) à laquelle il faut rappeler la condition d'égalité des températures des faces ($T_1(r) = T_2(r)$).

Comportement thermique

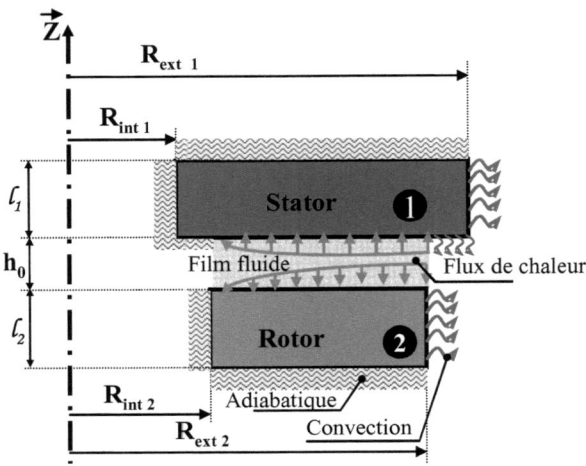

Figure 3. 5: Conditions aux limites thermiques

3.4 Déformations thermiques

3.4.1 Equation de Lamé-Navier

Le champ de déplacement dans les matériaux, est obtenu en résolvant l'équation de Lamé-Navier. Cette une équation d'équilibre, qui permet obtenir les déplacements $\vec{u}$ en utilisant la loi de comportement et qui est définie comme suit:

$$\frac{1}{2(1+v)}\vec{\mathrm{grad}}\,\mathrm{div}\vec{u}+\frac{1-2v}{2(1+v)}\Delta\vec{u}-\lambda\vec{\mathrm{grad}}\,T = 0 \qquad (3.8)$$

Avec v, λ respectivement le coefficient de Poisson et le coefficient de dilatation linéaire du matériau.

3.4.2 Conditions aux limites

Les conditions aux limites sur les déplacements sont représentées sur la figure 3.6. Une condition nécessaire pour le calcul des déplacements, est de bloquer un point suivant la direction z. Dans notre cas, le nœud de chaque section de l'anneau situé sur le rayon intérieur de la face de frottement est bloqué suivant z (figure 3.6). Cela permet aux anneaux de se déformer sans aucune autre contrainte.

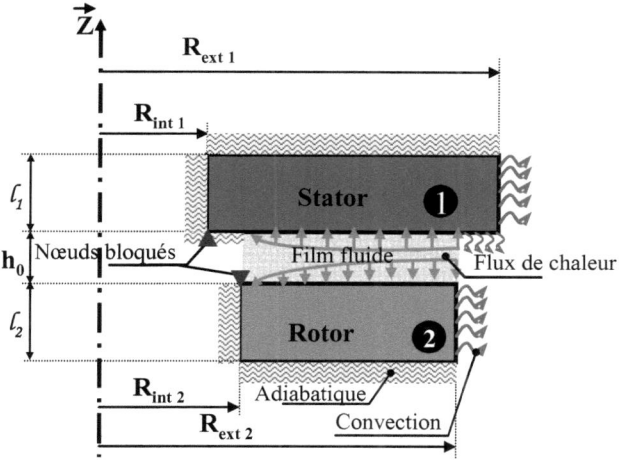

Figure 3. 6: Condition aux limites pour le calcul des déformations thermiques

3.5 Résolution numérique

3.5.1 Equation de la chaleur et de Lamé-Navier

La méthode de résolution utilisée dans cette partie, est la méthode des éléments finis. Cette méthode permet de prendre en compte avec précision la forme des solides et les conditions aux limites associées. La résolution des équations 3.5 et 3.8 permet d'obtenir le champ de température et de déplacement dans les anneaux.

La discrétisation des différentes équations (3.5 et 3.7) conduit à la résolution de systèmes linéaires. La plupart des systèmes matriciels ont été résolus en utilisant la librairie HSL_MA48 (Harwell Subroutine Library) par une méthode directe. Cette librairie est conçue pour résoudre les systèmes linéaires non symétriques à matrice creuse. La première itération comprend une phase d'analyse au cours de laquelle le programme recherche le meilleur pivot pour optimiser la factorisation, qui s'effectue par décomposition LU. Seuls les termes non nuls de la matrice sont stockés. Aux itérations suivantes l'analyse n'est plus reproduite. Les modules de calculs utilisés dans cette partie sont issus de développements précédents et ont déjà été utilisés pour d'autres études [95].

3.5.2 Algorithme de résolution et description des tâches

Le programme est constitué de deux grandes parties (macroscopique et microscopique) et de plusieurs étapes. La figure 3.7 montre les grandes lignes de l'algorithme. La description de cet algorithme se distingue du précédent (§ 2.4.4), en ce sens qu'il prend en compte l'aspect thermique et les déformations associées. Cependant, le programme reste toujours parallélisable et les zones de calcul parallèle sont indiquées par un trait épais comme on peut le voir sur l'organigramme.

L'exécution du programme commence par la lecture de données où sont définies les paramètres géométriques et de fonctionnement. Ensuite, les trois coefficients q^r, $a^{(i)}$ et $b^{(i)}$ nécessaires pour la résolution de l'équation (2.54) sont calculés dans le modèle microscopique pour chaque sous-domaine. La détermination de ces coefficients permet de calculer le champ de pression macroscopique Lorsque le critère de convergence sur la pression est atteint, le programme passe à l'étape suivante.

Dans cette nouvelle étape de l'algorithme, le calcul du flux de chaleur est fait dans chaque sous-domaine, à partir du couple de frottement calculé avec le modèle microscopique. Ensuite, le champ de température et la viscosité peuvent être calculés à leur tour. A ce niveau, on utilise une boucle pour ajuster la viscosité à chaque nouvelle valeur de température. Connaissant le champ de température dans les anneaux, il est possible de déterminer les déformations thermiques des faces.

La position d'équilibre de la garniture est ensuite calculée. Pour cela, on calcule les différentes forces agissant sur l'interface (force hydrodynamique, force de contact…). La recherche de la position d'équilibre est faite en ajustant la valeur de l'épaisseur de film fluide. L'équilibre est supposé atteint lorsque la force de fermeture devient égale à la force d'ouverture. Le processus de recherche de cette position d'équilibre est réalisé par la méthode de Newton-Raphson.

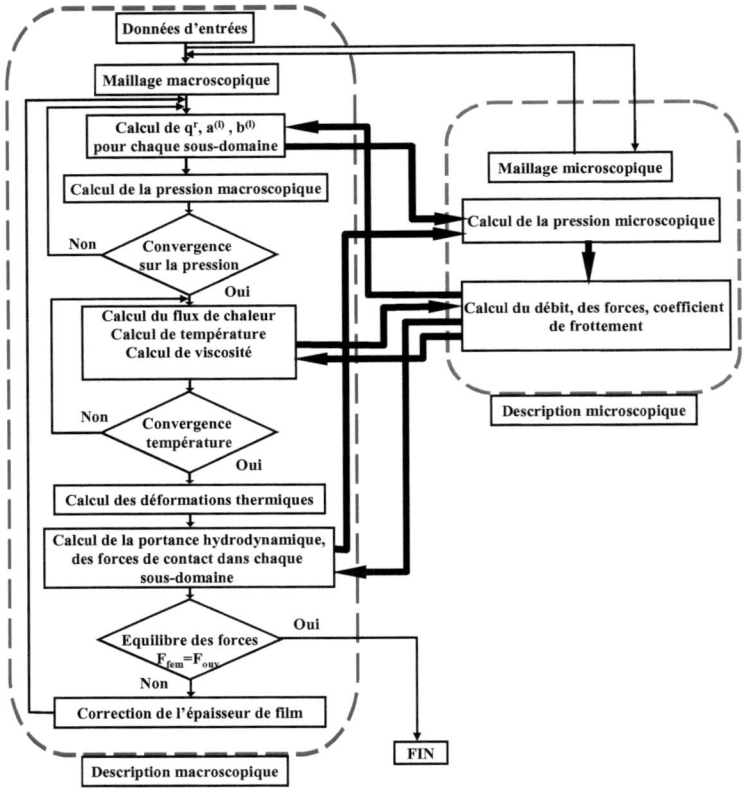

Figure 3. 7: Organigramme multi-échelles du modèle non isotherme

3.6 Validation

L'objectif visé, est de valider le modèle multi-échelles pour l'analyse du problème thermique dans les garnitures mécaniques. Pour cela, nous allons procéder à une évaluation comparative avec un modèle Thermo-Elasto-Hydro-Dynamique (TEHD) déjà développé au laboratoire, pour des faces lisses et alignées. Le modèle prend en compte les déformations dues au gradient de température. Le problème est traité dans une configuration axisymétrique. Dans un second temps, nous analyserons l'influence des effets thermiques sur le régime de lubrification en utilisant différents modèles.

D'abord, nous allons traiter le cas isotherme avec un modèle Hydro-Dynamique (HD), puis nous considérons les transferts de chaleur avec un modèle Thermo-Hydro-Dynamique (THD) et, enfin les déformations seront prises en compte avec un modèle Thermo-Elasto-Hydro-Dynamique (TEHD).

3.6.1 Comparaison avec un modèle TEHD pour face lisses

3.6.1.1 Configuration du problème

Dans la configuration géométrique utilisée dans cette partie, les faces sont lisses planes et alignées (figure 3.8). Le rotor est animé d'un mouvement de rotation (vitesse angulaire ω) autour de $\vec{z}$. Les deux anneaux ont les mêmes dimensions, et sont séparés par un film fluide dont la nature sera indiquée pour chaque cas d'étudié. L'épaisseur locale h(r) du film fluide est définie par h= H_1-H_2, où H_1(r) et H_2(r) sont des coordonnées axiales des ponts M_1 et M_2 situés respectivement sur les faces du stator et du rotor. Le rotor est constitué de Carbone (C) tandis que le stator est en Carbure de Silicium (SiC).

Les paramètres géométriques sont décrits dans le tableau 3.2. Les propriétés des matériaux et des lubrifiants sont présentées dans le tableau 3.3 et 3.4. Les conditions aux limites thermiques (§ 3.3.2), sur les déformations thermiques (§ 3.4.2) et sur la pression (chapitre.2, § 2.4.2, § 2.4.3), restent inchangées dans la suite.

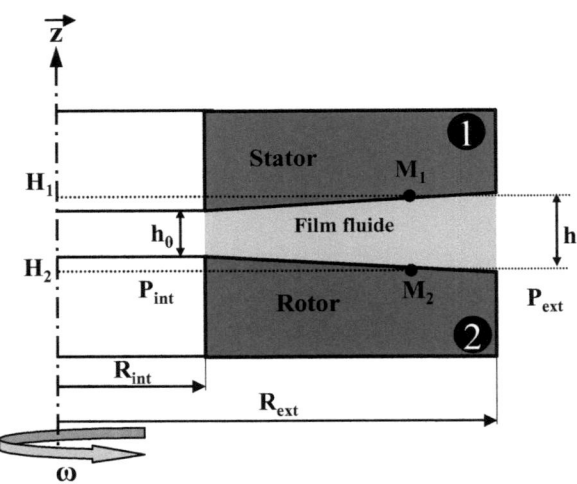

Figure 3. 8: Configuration géométrique

Tableau 3. 2: Paramètres géométriques et de fonctionnement

Paramètres géométriques	
Rayon intérieur R_{int}	0.029 m
Rayon extérieur R_{ext}	0.033 m
Rayon hydraulique R_h	0.030 m
Longueur du Stator l_1	0.05 m
Longueur du Rotor l_2	0.05 m
Facteur d'équilibrage B_h	0.75
Matériau du Stator	Carbone
Matériau du Rotor	Carbure de Silicium
Paramètres de fonctionnement	
Pression extérieur p_{ext}	1 MPa
Pression intérieure p_{int}	0
Nombre de sous-domaines Nbl	20

Tableau 3. 3: Caractéristiques des matériaux

Matériau	Carbone (C)	Carbure de silicium (Sic)
Module de Young (GPa)	20	400
Coefficient de Poisson ν	0.2	0.17
Conductivité thermique k (W.m⁻)	15	150
Coefficient de dilation λ (10^{-6}. °C^{-1})	4	4.3

Tableau 3. 4: Caractéristiques des lubrifiants

Fluide	Eau	Huile
Masse volumique ρ (Kg.m^{-3})	1000	850
Capacité calorifique C_p (W.kg^{-1}°C⁻)	4180	2000
Conductivité thermique k_f (W.m⁻)	0.65	0.14
Viscosité dynamique à 40°C μ_o	$7.05.10^{-4}$	0.08
Coefficient de thermoviscosité β_f	0.0175	0.045

3.6.1.2 Distribution de température suivant le rayon

Dans la suite, le modèle multi-échelles sera désigné par « ME ». Le modèle TEHD que nous utilisons pour la comparaison a été développé par Brunetière et al **[103], [104]**. Ce modèle résout l'équation de Reynolds et de l'énergie. La méthode des coefficients d'influence est utilisée pour calculer les déformations et la température des parois.

La figure 3.9 montre les profils de température dans le film suivant la direction radiale, pour le modèle TEHD et le modèle multi-échelles (pour le modèle TEHD, la température représentée est celle calculée à l'épaisseur moyenne du film). Deux valeurs de vitesse de rotation ont été considérés (ω

=100 rad/s et ω =150 rad/s) et différents lubrifiants (eau et huile). Nous constatons d'une part que la température augmente progressivement de l'entrée (rayon extérieur) vers la sortie du contact (rayon intérieur). D'autre part, elle augmente avec la vitesse de rotation. Nous observons une bonne corrélation des résultats entre les deux modèles pour les deux fluides étudiés.

La figure 3.10 montre quant à elle, le profil de température sur les deux faces de la garniture obtenue avec le modèle TEHD, et le profil donné par le modèle multi-échelles. Nous constatons que les profils de température sur le rotor et le stator sont extrêmement proches et confondus avec celles calculées par le modèle multi-échelles. Ce résultat valide l'hypothèse d'égalité de température des deux faces (§3.1.2).

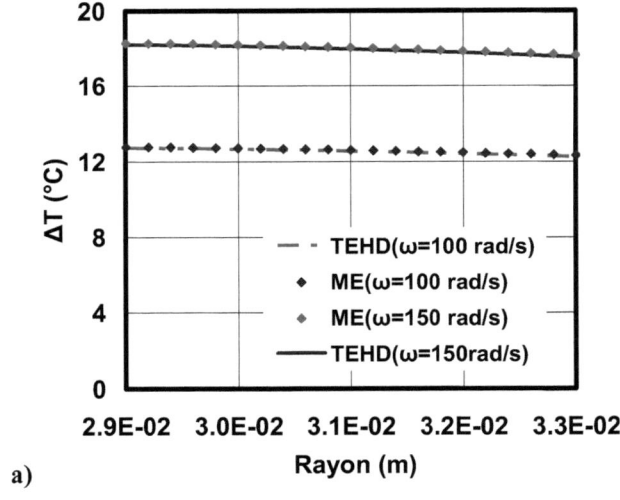

a)

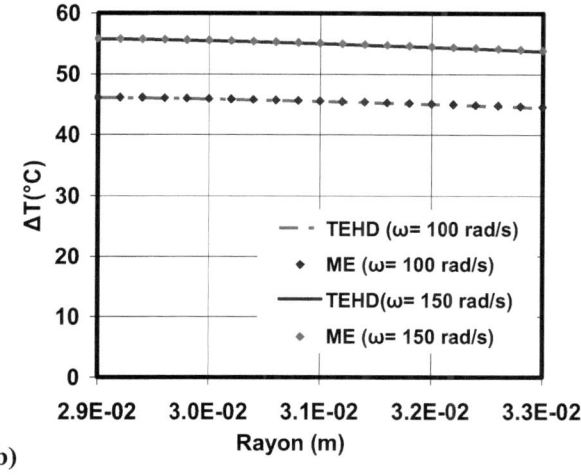

Figure 3. 9: Comparaison du profil de température pour a) cas de l'eau et b) cas de l'huile

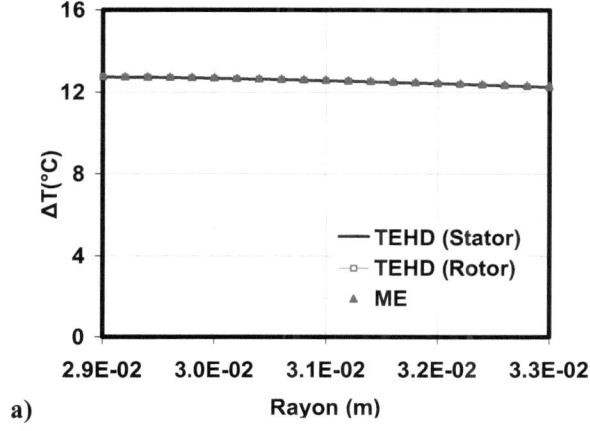

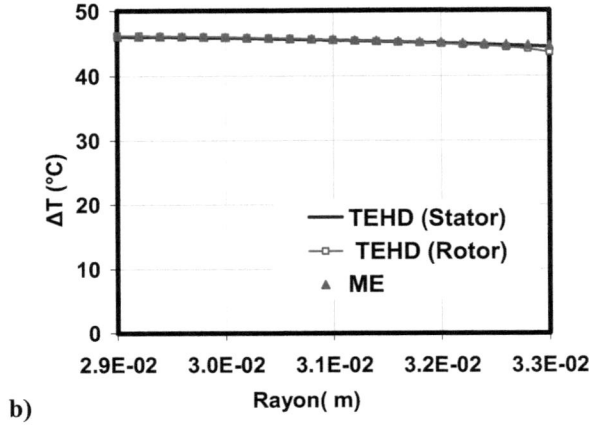

Figure 3. 10: Comparaison du profil de température sur les faces pour a) cas de l'eau et b) cas de l'huile à ω=100 rad/s

3.6.1.3 Flux de chaleur dans les anneaux

Le flux de chaleur transmis au stator (φ_1) est différent de celui transféré au rotor (φ_2), puisque les matériaux constituant les anneaux ne sont pas les mêmes. Les figures 3.11 et 3.12 montrent les distributions de flux obtenues avec les modèles Multi-échelles et TEHD dans la direction radiale. Les résultats sont représentés pour différentes valeurs de la vitesse de rotation (ω =100 rad/s et ω = 150 rad/s) et pour différents lubrifiants. Nous observons une corrélation des résultats obtenus à partir des deux modèles. Cependant on constate qu'il existe de légères différences sur les points situés à l'entrée du film pour lesquels une température (linéaire) suivant l'épaisseur de film est imposée dans le modèle TEHD. De ce fait, la somme des flux transmis au stator et au rotor s'annule en ce point. Ceci n'est pas le cas dans le modèle multi-échelles où aucune hypothèse n'est faite à ce sujet. Les résultats de cette comparaison montrent, néanmoins, que les deux modèles sont en bon accord.

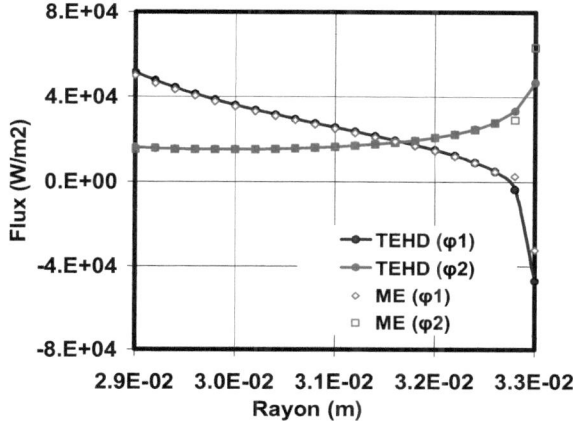

Figure 3. 11: Comparaison des flux de chaleur dans les anneaux (cas de l'eau avec ω=150 rad/s)

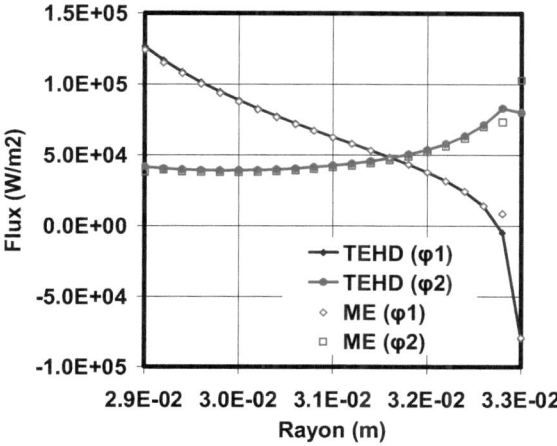

Figure 3. 12: Comparaison des flux de chaleur dans les anneaux (cas de l'huile avec ω=100 rad/s)

3.6.1.4 Comparaison de la variation de l'épaisseur de film suivant le rayon

La figure 3.13 présente la variation de l'épaisseur de film suivant le rayon pour le cas de l'eau et de l'huile et différentes vitesses de rotation ($\omega=100$ rad/s et $\omega=150$ rad/s). Les résultats obtenus montrent une variation quasi linéaire croissante suivant la direction radiale. Ceci correspond à une augmentation de la conicité en raison des déformations thermoélastiques. Nous constatons, d'une part, que l'épaisseur diminue progressivement de l'entrée (rayon extérieur) vers la sortie du contact (rayon intérieur) en raison de la conicité générée par les déformations thermiques. D'autre part, elle est plus importante lorsque la vitesse de rotation augmente. La quasi superposition des points indique que les deux modèles concordent.

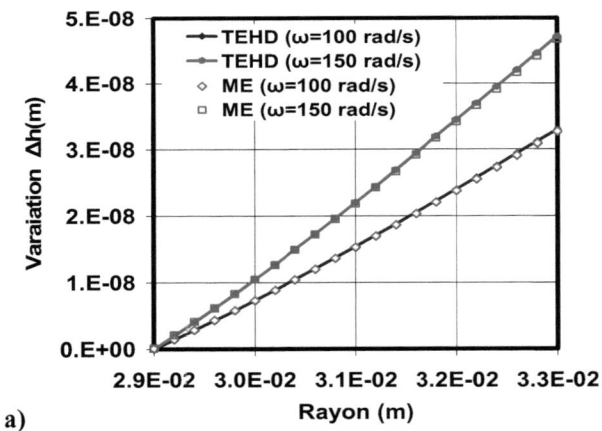

a)

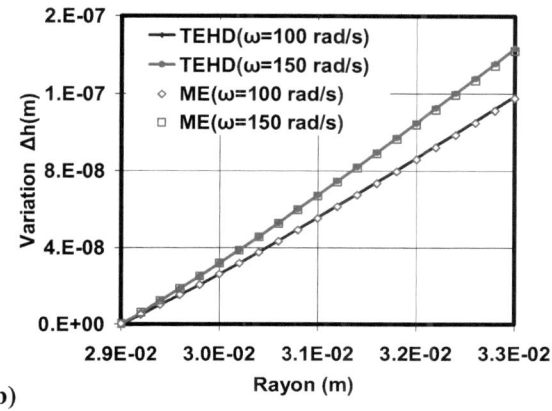

Figure 3. 13: Comparaison de la variation de l'épaisseur de film suivant le rayon a) cas de l'eau b) cas de l'huile

3.6.2 Cas de la lubrification mixte

La configuration géométrique et cinématique étudiée ici, est la même que celle décrite au paragraphe 2.1. Les paramètres géométriques et de fonctionnements restent les mêmes que ceux utilisés dans le paragraphe 3.6.1.1 (Tableau 3.2, Tableau 3.3) et le lubrifiant est l'eau. Les surfaces rugueuses ont été numériquement générées et restent aussi les mêmes que celles utilisées dans le chapitre précédent (§ 2.5.2). Les simulations ont été faites pour une valeur de Nbl = 20 sous-domaines pour le modèle multi-échelles. Nous allons, dans la suite, présenter l'influence du modèle utilisé (HD, THD, TEHD) sur le comportement en régime de lubrification mixte.

3.6.2.1 Portance hydrodynamique et force de contact

Les figures 3.14 et 3.15 montrent les valeurs de la portance hydrodynamique et des forces de contact en fonction du paramètre G, pour les différents modèles utilisés. Nous avons déjà montré dans le chapitre précédent, que la portance hydrodynamique croît avec le paramètre G. Ceci conduit à une augmentation de la distance entre les faces, réduisant ainsi les forces de contact qui tendent à s'annuler à partir d'une certaine valeur de G. Pour la surface B (figure 3.14) on remarque que les résultats obtenus pour le modèle TEHD se distinguent des autres modèles dans la zone de lubrification mixte. Les valeurs de la portance hydrodynamique dans cette zone sont plus élevées par rapport aux autres modèles. Dans ce cas en particulier, les déformations favorisent la formation d'un espace convergent et d'une force hydrostatique. Cet effet est moins marqué pour la surface D. Pour les deux surfaces, les résultats des modèles HD, THD sont proches, les variations de température et donc de la viscosité affectent peu les résultats.

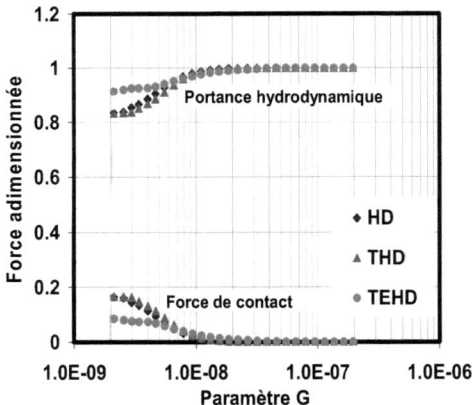

Figure 3. 14: Portance hydrodynamique et force de contact (surface B)

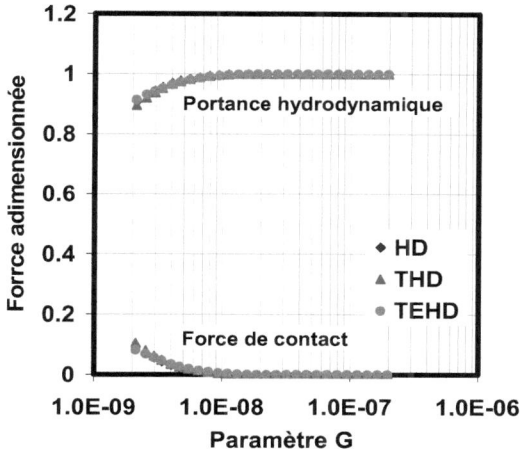

Figure 3. 15: Portance hydrodynamique et force de contact (surface D)

3.6.2.2 Variation de l'épaisseur de film

Les figures 3.16 et 3.17 présentent la distance entre les faces mesurées au rayon intérieur pour les trois modèles considérés, en fonction du paramètre G. Les épaisseurs de films obtenues avec les modèles HD et THD, augmentent avec le paramètre G, de manière quasi identique. Cependant, à partir de certaines valeurs de G ($5,5.10^{-8} < G < 9,5.10^{-8}$) l'épaisseur de film obtenue avec le modèle THD devient plus faible que celle obtenue avec le modèle HD. Cet écart va progressivement se creuser, à cause de la diminution de la viscosité liée à l'augmentation de la température qui réduit la génération de portance hydrodynamique et donc l'épaisseur de film.

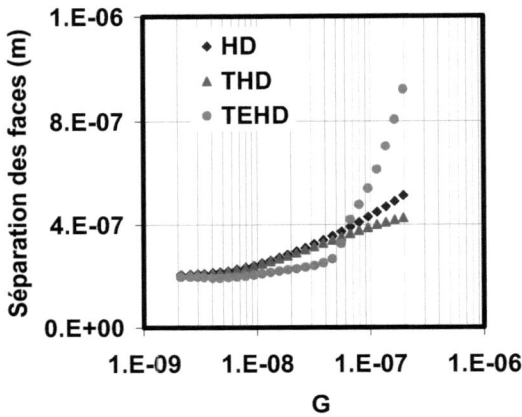

Figure 3. 16: Variation de l'épaisseur de film (surface B)

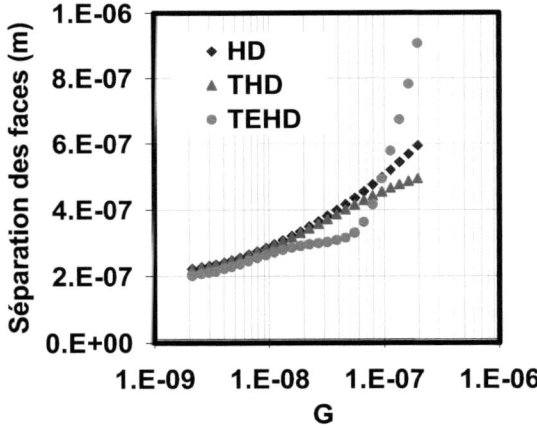

Figure 3. 17: Variation de l'épaisseur de film (surface D)

Le comportement obtenu avec le modèle TEHD est assez différent des autres. L'épaisseur de film croît progressivement, et à partir d'une certaine valeur du paramètre G ($G \approx 5E^{-8}$), elle augmente brusquement. Ce résultat montre l'impact des déformations thermiques dont l'une des conséquences immédiate est l'augmentation de la conicité, et donc, celle de l'épaisseur de film à l'équilibre grâce à l'effet hydrostatique qui devient prépondérant sur l'effet hydrodynamique.

3.6.2.3 Courbes de Stribeck

Les courbes de Stribeck, comme nous l'avions déjà présenté au chapitre 2 permettent d'identifier les différents régimes de lubrification. Les figures 3.18 et 3.19 présentent les courbes de Stribeck obtenues avec les différents modèles. Elles présentent une zone décroissante correspondant au régime de lubrification mixte. Ensuite une zone où le coefficient de frottement atteint un minimum puis augmente avec le paramètre G. Celle-ci correspond au régime de lubrification hydrodynamique. Les résultats obtenus avec la surface D mettent en évidence une quasi superposition des valeurs dans la zone de lubrification mixte pour les trois modèles. Dans la zone de lubrification hydrodynamique la différence entre les modèles s'identifie clairement. L'écart observé entre le modèle HD et THD est dû à l'augmentation la température et donc de la diminution de la viscosité du film réduisant le coefficient de frottement. Les résultats obtenus avec le modèle TEHD marquent la différence avec de faibles valeurs de coefficient de frottement en régime hydrodynamique.

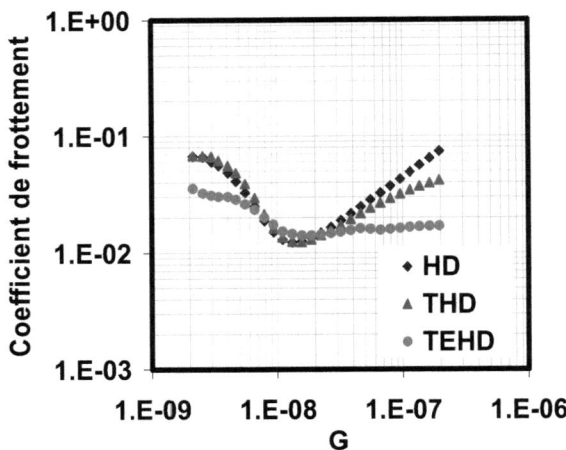

Figure 3. 18: Courbes de Stribeck surface B

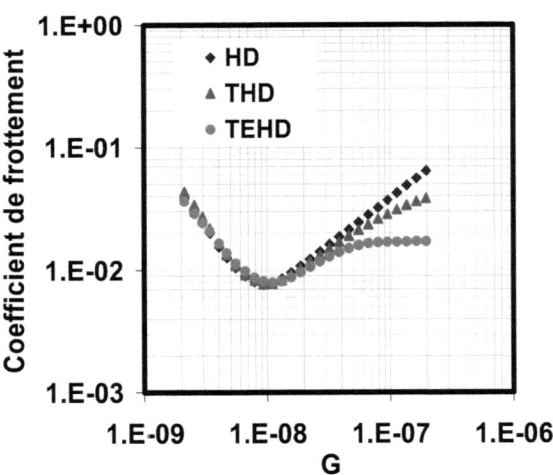

Figure 3. 19: Courbes de Stribeck surface D

En effet, les déformations thermiques augmentent la conicité des faces et l'épaisseur qui se traduit par une limitation de frottement. Les résultats obtenus avec la surface B sont similaires à ceux de la surface D, mais avec une différence en zone de lubrification mixte où on observe de faibles valeurs du coefficient de frottement avec le modèle TEHD. Pour cette surface, les effets des déformations commencent à apparaître pour de plus faibles valeurs du paramètre G.

3.6.2.4 Cavitation

Les valeurs de l'étendue relative des zones en cavitation sont présentées sur les figures 3.20 et 3.21. Elles permettent de bien visualiser les différents types de comportement et les différents régimes de lubrification s'établissant entre les surfaces. En observant le cas de la surface D, nous voyons que le taux de cavitation pour les modèles HD et THD évolue de manière similaire. A partir de certaines valeurs de G, ($G \approx 8\ 10^{-8}$) l'écart entre les deux modèles se creuse, avec une plus faible valeur du taux de cavitation pour le modèle THD. Ceci est dû à la baisse de la viscosité qui limite les effets hydrodynamiques et donc l'étendue des zones de cavitation. Les résultats obtenus avec le modèle TEHD montrent une évolution tout à fait différente. Le taux de cavitation croît jusqu'à une certaine valeur du paramètre de service ($G \approx 5\ 10^{-8}$). Cette zone représente bien celle de la lubrification mixte où les zones de cavitation dans l'interface évoluent rapidement.

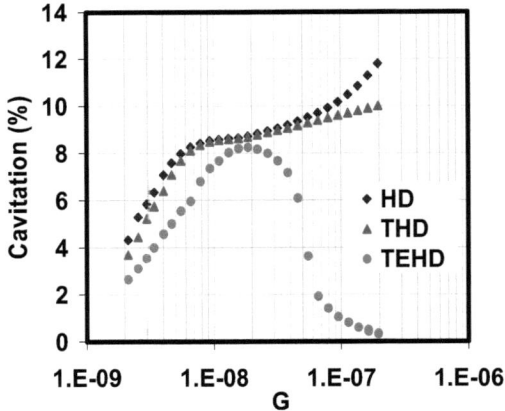

Figure 3. 20: Courbes de Cavitation pour la surface B

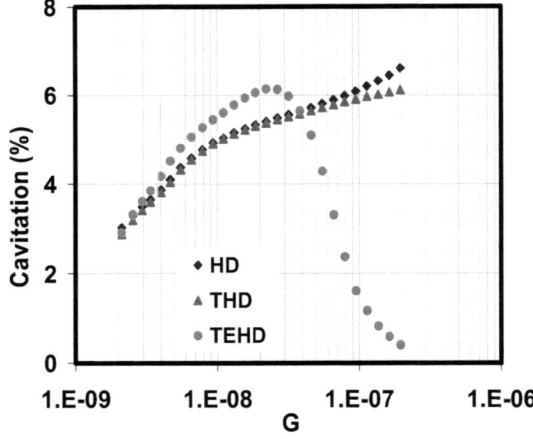

Figure 3. 21: Courbes de Cavitation pour la surface D

Au-delà de cette valeur du paramètre de service, le taux de cavitation commence à chuter jusqu'à tendre vers zéro. Dans cette zone, l'augmentation de la conicité qui conduit à une augmentation de l'épaisseur de film, réduit nettement l'étendue des zones de cavitation à l'échelle microscopique. La garniture fonctionne en régime de lubrification hydrostatique pour lequel les rugosités n'ont plus d'effet sensible. La variation de la cavitation semble dépendre de la distribution locale de rugosité de chaque surface comme le montre ces figures. Pour le cas présent, le taux de cavitation pour la surface B est plus important que celui obtenu avec la surface D.

3.6.2.5 Débit de fuite

Les figures 3.22 et 3.23 représentent le débit massique en fonction du paramètre G. Pour les deux cas examinés (surfaces B et D), le débit de fuite augmente avec le paramètre G. Nous avons vu précédemment que l'épaisseur de film, pour le modèle TEHD évolue très rapidement. Ceci s'accompagne d'un accroissement rapide du débit de fuite comme le montre les deux figures.

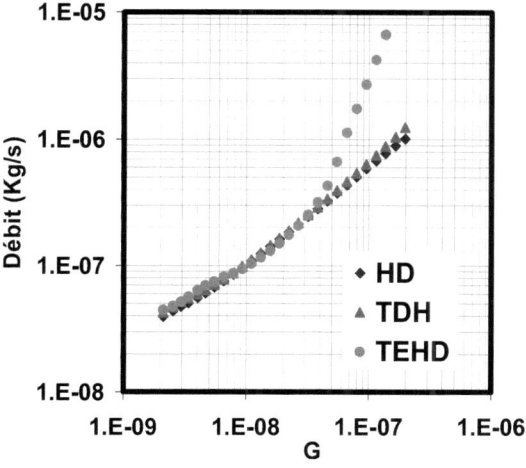

Figure 3. 22: Débit massique pour la surface B

Comportement thermique

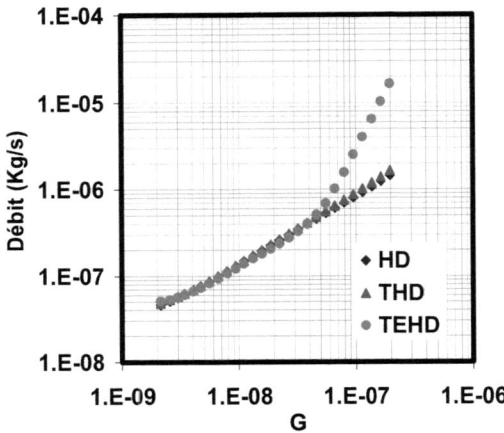

Figure 3. 23: Débit massique pour la surface D

3.6.2.6 Analyse de la distribution de pression macroscopique

Le champ de pression macroscopique obtenu avec le modèle TEHD est présenté sur la figure 3.24 pour différentes valeurs de G. Pour les faibles valeurs de G, la pression macroscopique varie fortement en raison des effets de rugosités comme discuté au paragraphe 2.5.2.5. Lorsque G atteint des valeurs élevées (G > 1.36E-7), l'épaisseur de film augmente rapidement en raison des déformations themoélastiques de

s faces. Par conséquence, les rugosités perdent leur influence et le comportement de la garniture se rapproche progressivement de celui qui serait obtenu avec des faces lisses (figure 3.25).

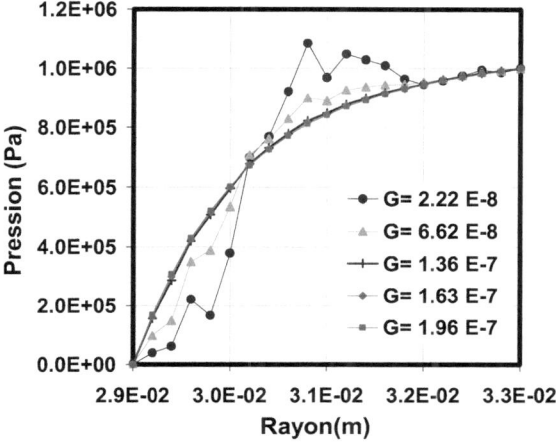

Figure 3. 24: Champ de pression macroscopique (TEHD surface D)

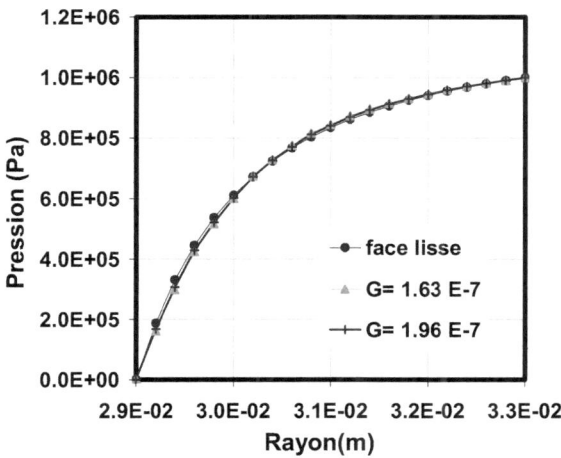

Figure 3. 25: Comparaison du champ de pression macroscopique (TEHD, surface D) avec le cas de face lisse

3.6.2.7 Profils radiaux de température

Les profils de température obtenus avec le modèle TEHD sont représentés sur la figure 3.26. L'augmentation de la température du fluide entraîne une réduction de la viscosité initiale du fluide et par conséquent, de la dissipation d'énergie dans le film. Le lubrifiant utilisé (eau) étant moins visqueux, les échanges par convection entre le fluide et les solides s'améliorent avec la vitesse.

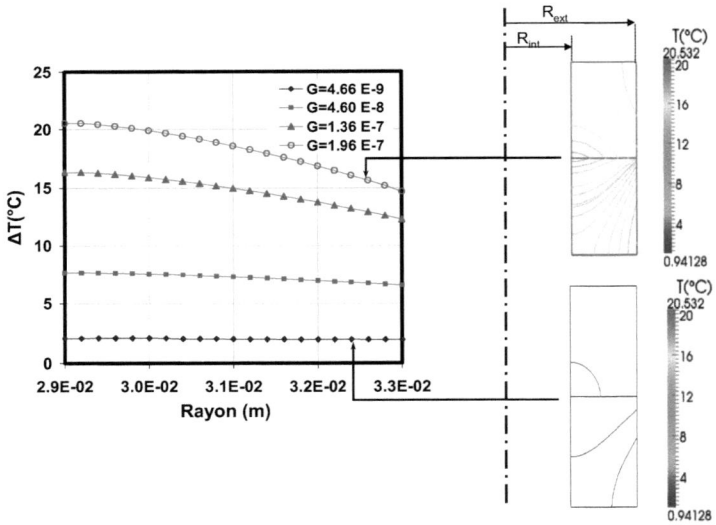

Figure 3. 26: Profil de température (TEHD) en fonction du rayon (Surface D)

Sur la figure, on observe une augmentation de la température de manière générale (de l'entrée vers la sortie), pour les différentes valeurs de G (voir les isothermes). La température devient logiquement plus élevée lorsque G augmente. L'augmentation de la température est limitée par le fait que le coefficient d'échange h_c, la conicité des faces et donc l'épaisseur de film évoluent aussi avec G.

3.6.2.8 Variation de la température en fonction du paramètre G

La variation de la température moyenne en fonction du paramètre G est présentée sur les figures 3.27 et 3.28. On observe sur ces figures, une première partie où la température décroît quand le paramètre G augmente. Cette zone correspondant au régime de lubrification mixte, où le frottement diminue plus rapidement que la vitesse n'augmente conduisant à une baisse de la température. Ensuite, il y a une deuxième partie, où la température croît progressivement sous l'influence de la vitesse de rotation. Cette zone correspondant aux régimes de lubrification hydrodynamique et hydrostatique.

Les résultats obtenus avec les modèles THD et TEHD en régime mixte pour les deux surfaces, sont bien distincts. Mais la différence est plus marquée pour la surface B, à cause de l'évolution du coefficient de frottement (§3.6.2.3). En régime hydrodynamique, les résultats obtenus avec les deux modèles se distinguent parfaitement. L'influence des rugosités devenant insignifiante les résultats obtenus avec le modèle TEHD se rapprochent de ceux obtenus avec des faces lisses.

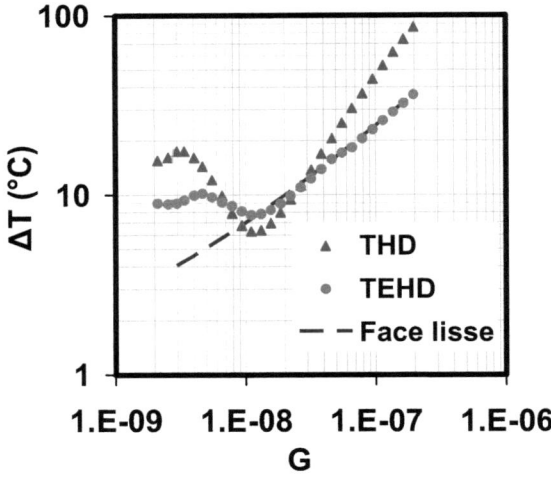

Figure 3. 27 : Température moyenne en fonction de G (surface B)

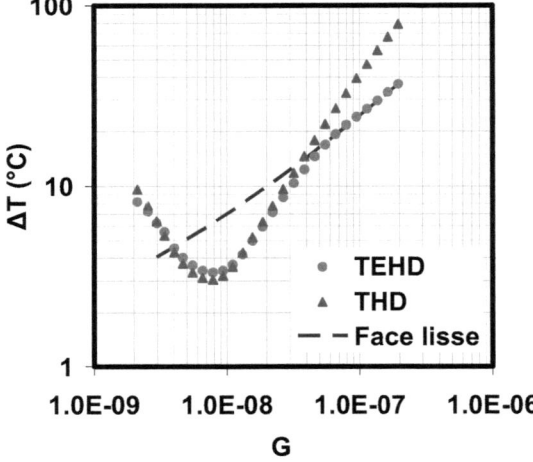

Figure 3. 28: Température moyenne en fonction de G (surface D)

3.6.2.9 Analyse de sensibilité du maillage

Pour analyser la sensibilité du maillage, nous avons fait des simulations avec de différents niveaux de raffinement (figure 3.29). Les nombres de nœuds utilisés dans chaque direction sont présentés dans le tableau 3.5.

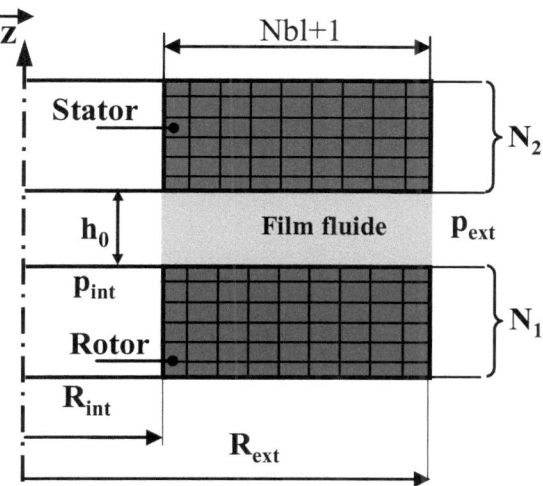

Figure 3. 29: Niveau de raffinement des maillages

Tableau 3. 5: Maillage des anneaux

Nr =Nbl+1	20	10	5
N_1	25	20	18
N_2	25	20	18

Il est utile de noter qu'un nombre important de nœuds est souhaitable pour le problème thermique alors qu'un faible nombre de sous-domaines est préférable pour le modèle multi-échelles. Les résultats obtenus pour ces différents niveaux de raffinement sont présenté sur la figure 3.30. Cette figure montre l'évolution du coefficient de frottement et de la température en fonction du paramètre G

L'analyse du coefficient de frottement en fonction de G montre que quel que soit le niveau de raffinement, les résultats sont assez proches (figure 3.30a). Les mêmes conclusions peuvent être tirées pour la température (figure 3.30b). Cependant on peut observer de petits écarts dans la zone où le coefficient de frottement (la température moyenne) décroît. Ces erreurs sont induites par les conditions de pression imposée sur les bornes de chaque sous-domaine dans le modèle multi-échelles. Il résulte de cette analyse que le raffinement du maillage a une influence limitée sur les résultats. Nous retiendrons un maillage carré avec 20 sous-domaines dans la suite de l'étude.

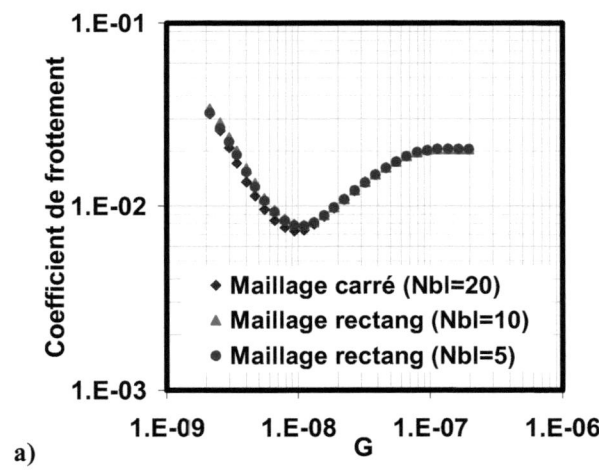

a)

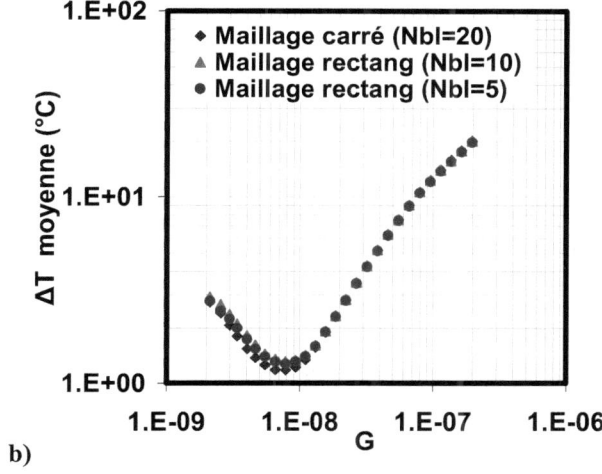

Figure 3. 30: Test de sensibilité au maillage. a) coefficient de frottement b) température moyenne (surface D)

3.6.2.10 Identification des régimes de fonctionnement

Ce paragraphe est dédié à l'identification des régimes de lubrification. Nous avons choisi de présenter la variation de la température en fonction du paramètre de service G, pour les deux surfaces (Figure 3.31). On peut ainsi observer trois différentes zones : Une zone de lubrification mixte (LM), correspondant à une baisse de température lorsque G augmente. On peut remarquer que, cette baisse de température est peu prononcée pour la surface B. Les températures des surfaces atteignent un minimum, puis commencent à croître avec le paramètre G. Dans cette zone, le comportement est contrôlé par les rugosités et correspond à un régime HydroDynamique Rugueux (HDR). Toutes les valeurs de la température obtenues avec le modèle numérique se situent en dessous de la courbe obtenue dans le cas de faces lisses. Enfin, dans la troisième zone les résultats obtenus avec les surfaces rugueuses se superposent avec ceux des faces lisses. On constate que dans cette zone, les rugosités n'ont plus d'effet en raison de l'augmentation de la conicité, conduisant à un régime purement Themo-Elasto-Hydro-Dynamique (TEHD) ou Themo-Elasto-Hydro-Statique (TEHS). Nous ferons référence à ces trois régimes dans la suite de l'étude.

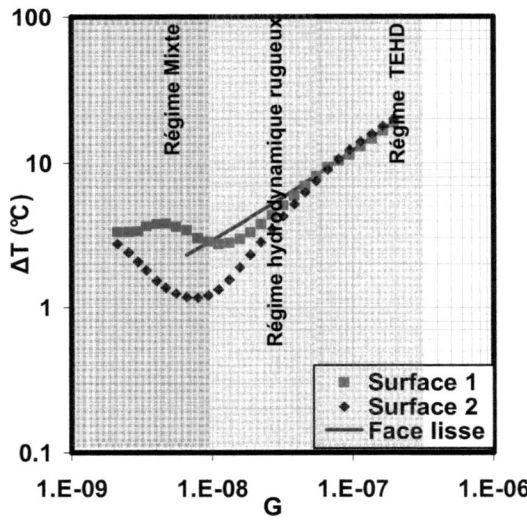

Figure 3. 31: Champ de température en fonction de G (surfaces B et D)

3.7 Conclusion

Dans ce chapitre, le comportement thermique des garnitures mécaniques a été pris en compte dans le modèle multi-échelles. Les équations de films minces visqueux, de la chaleur, de Lamé-Navier ont été présentées. Elles ont permis de déterminer le champ de pression dans le film, le champ de température dans les solides et l'interface ainsi que les déformations associées. Les effets thermiques sont pris en compte à l'échelle macroscopique et sont donc axisymétriques. Le modèle multi-échelles développé a été validé par une étude comparative avec un modèle TEHD pour faces lisses. D'autre part l'influence des effets thermiques sur le régime de lubrification a été analysée grâce à des simulations avec un modèle HD isotherme, THD et TEHD. Il a été montré que les déformations affectent le comportement dans le cas de la surface B même pour les plus faibles valeurs du paramètre G. Comme cela est prévisible, ces déformations ont une conséquence immédiate sur la conicité, qui augmente comme l'épaisseur de film. Enfin une analyse de la variation de température a permis de recenser trois différents régimes de lubrification : LM, HDR et TEHD (ou TEHS).

CHAPITRE IV

4 Etude paramétrique

L'objectif de l'étude paramétrique est de caractériser le comportement des garnitures mécaniques dans différentes conditions de fonctionnement et différentes configurations géométriques. Nous allons d'abord définir le cas qui servira de référence à cette étude. Puis, l'étude de cas mettant en évidence l'influence des paramètres géométriques et de fonctionnement des garnitures sera présentée.

4.1 Etude du cas de référence- influence de la vitesse

4.1.1 Modèle géométrique et cinématique

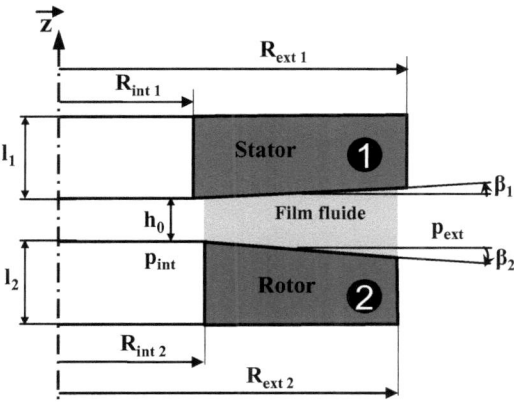

Figure 4.1 : Configuration géométrique du cas de référence

Le modèle cinématique utilisé dans cette partie est le modèle à un degré de liberté, comme précédemment (§2.1). Pour que le cas de référence soit celui d'une application, nous avons modifié les largeurs ainsi que les hauteurs des deux anneaux. Les autres paramètres restent inchangés. La nouvelle configuration géométrique est présentée sur la figure 4.1. Les valeurs des paramètres caractérisant le cas de référence sont indiquées dans le tableau 4.1. Pour l'étude du cas de référence, nous considérons les mêmes surfaces rugueuses B et D.

Tableau 4. 1 : Paramètres du cas référence

	Cas de référence
Rayon intérieur rotor	0.029 m
Rayon extérieur rotor	0.033 m
Hauteur du rotor l_2	0.08 m
Rayon intérieur stator	0.028 m
Rayon extérieur stator	0.037 m
Hauteur du stator l_1	0.07 m
$\Delta p = p_{ext} - p_{int}$	1 MPa
Viscosité du fluide μ	10^{-3} Pa.s
Coefficient d'équilibrage	0.75
Ecart type de rugosité	0.1 µm
Conicité β_1 (β_2)	0
Matériau Rotor	Carbone (C)
Matériau Stator	Carbure de silicium

4.1.2 Evolution de l'étendue des zones de cavitation

La figure 4.2 montre l'évolution du taux de cavitation calculé en fonction de la vitesse de rotation, pour les deux surfaces considérées. Le pourcentage de zones cavités augmente avec la vitesse de rotation jusqu'à une certaine valeur (ω = 126 rad/s pour la surface D et ω = 105 rad/s pour la surface B) puis, diminue et tend, de manière asymptotique, vers zéro.

L'étendue de ces zones de cavitation diffère d'une surface à l'autre. La surface B présente un taux plus élevé que la surface D, avec une valeur maximale supérieure à 8%. On observe sur la figure :

une zone où le taux de cavitation augmente correspondant au régime de lubrification mixte, et une autre où il décroît correspondant au régime de lubrification hydrodynamique.

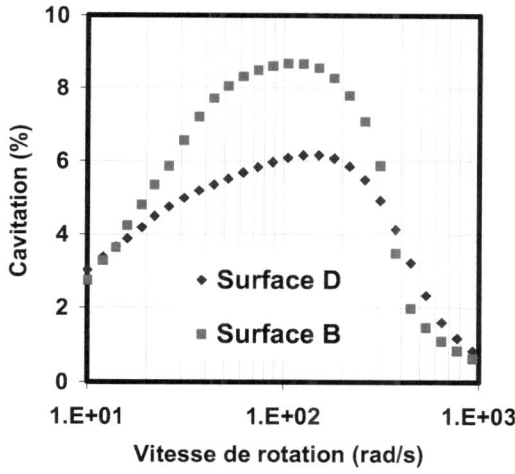

Figure 4.2 : Pourcentage de cavitation pour les deux surfaces

4.1.3 Evolution du coefficient de frottement

Les valeurs du coefficient de frottement (§ 2.3.1.5) calculées en fonction de la vitesse de rotation pour les surfaces B et D sont présentées sur la figure 4.3. Cette figure est complétée par les résultats obtenus avec des faces lisses. Sur la figure, on identifie clairement les trois régimes de lubrification:

Une première où le coefficient de frottement diminue avec la vitesse jusqu' à atteindre un minimum. Elle correspond au régime de lubrification mixte.

Les résultats pour les surfaces B et D sont marqués par une nette différence des valeurs. Cet écart est dû à la répartition locale des rugosités qui influencent les effets hydrodynamiques.

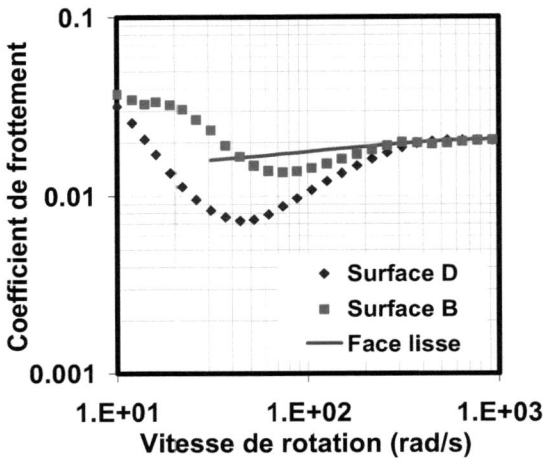

Figure 4.3 : Variation du coefficient de frottement

Dans la deuxième zone, le coefficient de frottement augmente avec la vitesse de rotation. Cette zone est encore en partie contrôlée par les rugosités et correspond à un régime de lubrification hydrodynamique rugueux (HDR). Enfin on observe une dernière zone où l'évolution du coefficient de frottement se stabilise et se confond avec les résultats obtenus avec les lisses. Les rugosités n'ont plus aucun rôle et dans ce cas, la garniture fonctionne en régime hydrostatique (TEHS).

4.1.4 Evolution de l'épaisseur de film

La figure 4.4 présente l'évolution de l'épaisseur moyenne de film séparant les faces de la garniture en fonction de la vitesse de rotation. La figure montre l'évolution des valeurs pour le cas des surfaces rugueuses (B et D) et pour le cas de faces lisses. Dans le paragraphe précédent, la surface B présentait des valeurs de coefficient de frottement plus élevées que la surface D, en régime de lubrification mixte. Ce résultat est lié à la variation de l'épaisseur de film. De manière générale, on observe une augmentation de l'épaisseur moyenne de film en fonction de la vitesse de rotation, avec des valeurs plus grandes pour la surface D.

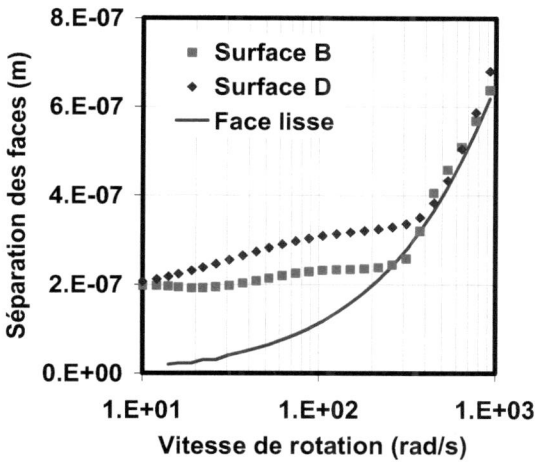

Figure 4.4 : Séparation des faces à l'équilibre

A partir de certaines valeurs de la vitesse de rotation (ω =312 rad/s pour la surface B et ω = 448 rad/s pour la surface D), la pente change avec une augmentation rapide de l'épaisseur de film. Les résultats obtenus avec des surfaces rugueuses B et D se superposent avec ceux des faces lisses. Le comportement de la garniture dans cette dernière zone est essentiellement thermohydrostatique avec un film complet, dont l'épaisseur est grande devant l'amplitude des rugosités. C'est une zone où l'évolution de l'épaisseur de film est contrôlée par les effets thermiques.

4.1.5 Elévation moyenne de température

Buck [140] étudie les phénomènes thermiques dans les garnitures mécaniques, en supposant que le flux de chaleur est uniforme dans l'interface. Il définit un paramètre sans dimension appelé efficacité thermique (E_{th}). Ce dernier permet de caractériser le comportement thermique dans les anneaux et définit le rapport entre la puissance thermique entrant sur la face de contact et l'élévation de température résultante.

$$E_{th} = \frac{q(R_{ext}^2 - R_{int}^2)}{\Delta T} \qquad (4.1)$$

Dans cette expression, q est le flux de chaleur entrant dans l'anneau. La vitesse de rotation influence le nombre de Reynolds (R_e) et donc le coefficient d'échange (h_c). La figure 4.5 montre, l'évolution du coefficient d'échange et de l'efficacité thermique en fonction de la vitesse de rotation. Comme on peut l'observer, lorsque la vitesse augmente les échanges avec le fluide environnant s'améliorent. En d'autres termes, le coefficient d'échange tout comme l'efficacité thermique augmente avec la vitesse de rotation. Ceci favorise les transferts de chaleur et le refroidissement de la garniture mécanique.

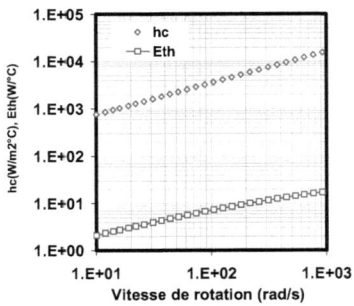

Figure 4.5 : Coefficient d'échange et efficacité thermique (surface D)

La figure 4.6 montre la variation de la température moyenne du contact pour les surfaces B et D ainsi que pour une surface lisse, en fonction de la vitesse de rotation. Pour la surface D, on observe une zone décroissante, où la température diminue avec la vitesse. Cette zone est typique du régime de lubrification mixte. On peut observer un écart de comportement entre la surface B et D. En effet, la température, pour la surface B, augmente légèrement pour les faibles vitesses puis diminue jusqu'à atteindre un minimum (ω =62 rad/s). L'accroissement de la température pour le cas de faces lisses, augmente linéairement avec une pente d'environ 0,5 qui correspond à $\Delta T \propto \sqrt{\omega}$.

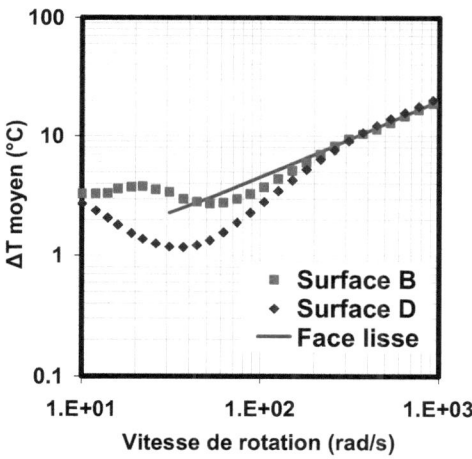

Figure 4.6 : Profil de température en fonction de la vitesse

Nous pouvons ensuite observer une zone croissante, où les températures obtenues avec les surfaces rugueuses augmentent avec la vitesse. Dans cette zone, les rugosités ont encore une influence, mais qui diminue. Puis les résultats obtenus avec les surfaces rugueuses et les faces lisses se superposent. Comme nous l'avons déjà observé (§ 3.6.2.2), cette zone correspond au régime de lubrification Thermo-Elasto-HydroStatique (TEHS).

4.1.6 Profils radiaux de température et d'épaisseur de film

Sur la figure 4.7, sont présentés les profils de température pour différentes valeurs de vitesse de rotation. Comme nous l'avons déjà indiqué au chapitre précédent (§ 3.6.1.2), la température croît suivant le rayon, de l'entrée (rayon extérieur) vers la sortie (rayon intérieur) où l'épaisseur est plus faible. Nous constatons logiquement que le niveau moyen de température augmente avec la vitesse de rotation. Cependant cette augmentation de température est atténuée car le coefficient d'échange, la conicité globale des faces et donc l'épaisseur de film augmentent aussi avec la vitesse de rotation.

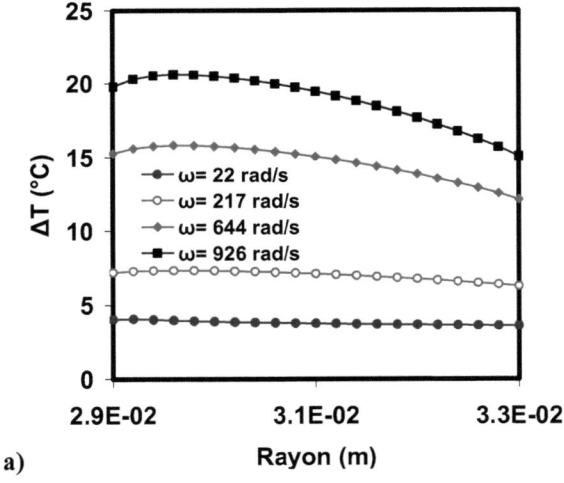

a)

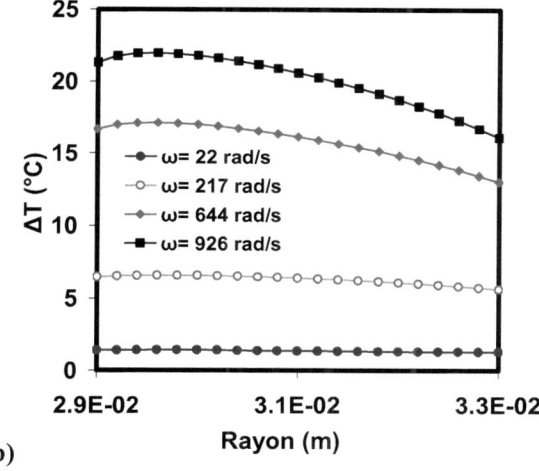

b)

Figure 4.7: Accroissement de la température en fonction de la vitesse a) surface B et b) surface D

La variation de l'épaisseur de film pour différentes valeurs de vitesse de rotation est représentée sur la figure 4.8. Comme cela a déjà été discuté, une conicité favorable à la génération de portance hydrostatique apparaît. La conicité augmente lorsque le niveau de sollicitation thermique du contact augmente. Dans cet exemple, les épaisseurs de films peuvent augmenter d'un facteur ≈ 3 entre le rayon intérieur et extérieur.

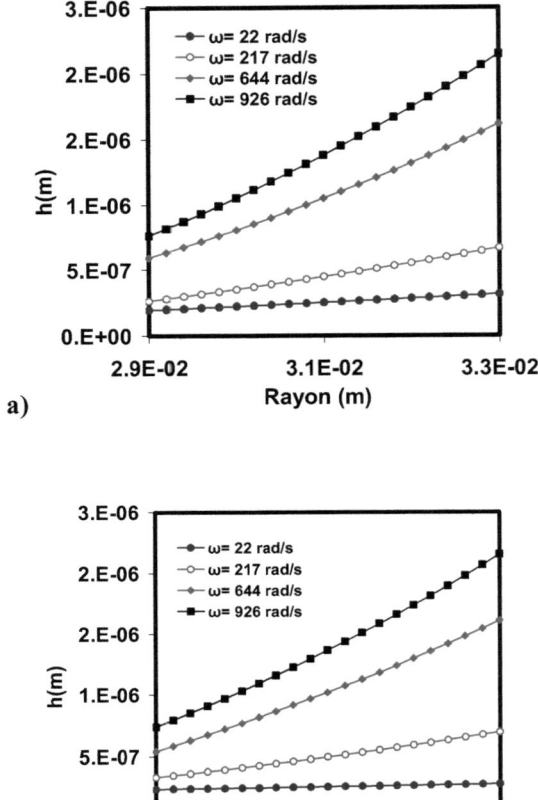

Figure 4.8: Variation de l'épaisseur de film suivant le rayon: a)surface B b) surface D

4.2 Etude de cas

Dans ce paragraphe, nous nous proposons d'étudier le comportement de la garniture précédemment décrite, en faisant varier plusieurs paramètres par rapport au cas de référence. Pour cette étude de cas, nous avons choisi d'analyser uniquement les résultats de la surface D. Des résultats similaires ont été obtenus avec la surface B. Ils sont présentés en annexe (annexe B). Le tableau 4.2 présente les valeurs des différents paramètres étudiés.

Tableau 4. 2 : Paramètre d'étude

	Valeur nominale	Min	Max
$\Delta p = p_{ext} - p_{int}$	1 MPa	0.5 MPa	1.5 MPa
Viscosité du fluide (à T_f) μ_0	10^{-3} Pa.s	5.10^{-4} Pa.s	10^{-2} Pa.s
Coefficient d'équilibrage B_h	0.75	0.65	0.8
Hauteur de rugosité Sq	0.1 µm	0.005 µm	0.15 µm
Coefficient de frottement sec	0.2	0.05	0.4
Matériau Rotor	Carbone (C)	Carbone	SiC
Matériau Stator	Carbure de silicium (SiC)	Fonte Ni résite	SiC

4.2.1 Influence de la pression d'alimentation

L'épaisseur moyenne de film et le coefficient de frottement sont représentés sur la figure 4.9 pour différentes valeurs de pression, en fonction de la vitesse de rotation. Sur la figure 4.9a, l'épaisseur moyenne de film augmente avec la vitesse de rotation. Elle est faible lorsque la pression augmente du fait de la plus grande charge. En d'autres termes, les aspérités vont supporter une charge plus grande mais, le rapprochement des faces permet de générer plus de portance hydrodynamique. On observe ensuite une zone où les courbes d'épaisseur de films, pour les différentes valeurs de pression, se superposent. Cette zone correspond au régime TEHD où la variation de pression n'a plus d'influence.

La pression a une influence significative sur le coefficient de frottement (figure 4.9b). En régime de lubrification mixte, les frottements diminuent quand la vitesse augmente. Mais, les valeurs du coefficient de frottement augmentent avec la pression. L'augmentation de la pression conduit par ailleurs, à un déplacement de ce que nous nommerons « l'optimum » des courbes, correspondant au minimum du coefficient de frottement et qui marque la transition entre le régime de lubrification mixte et hydrodynamique. Ensuite, le coefficient de frottement augmente inversement avec la pression (régime hydrodynamique). En effet, l'augmentation de la pression entraîne une diminution de l'épaisseur de film, ce qui augmente le taux de cisaillement. Mais cette augmentation est moins importante que l'élévation de pression ce qui se traduit par un coefficient de frottement plus faible. En régime TEHD, l'épaisseur de film étant la même quelle que soit la valeur de la pression, le frottement est logiquement plus faible lorsque la pression croît.

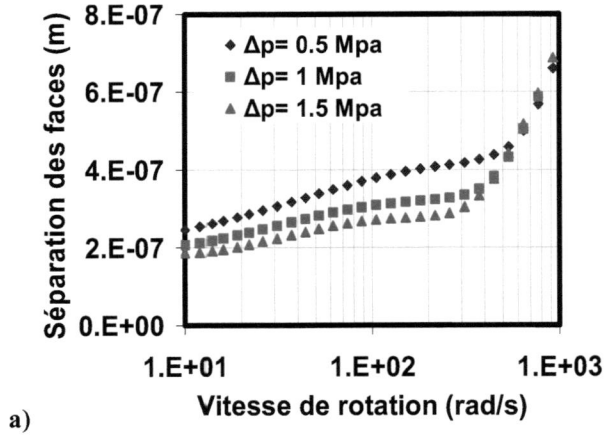

a)

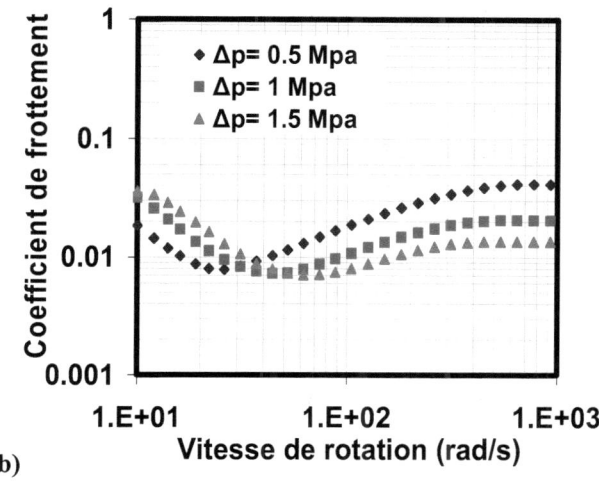

b)

Figure 4.9 : Influence de la pression du fluide: a) sur la séparation des faces b) le coefficient de frottement (surface D)

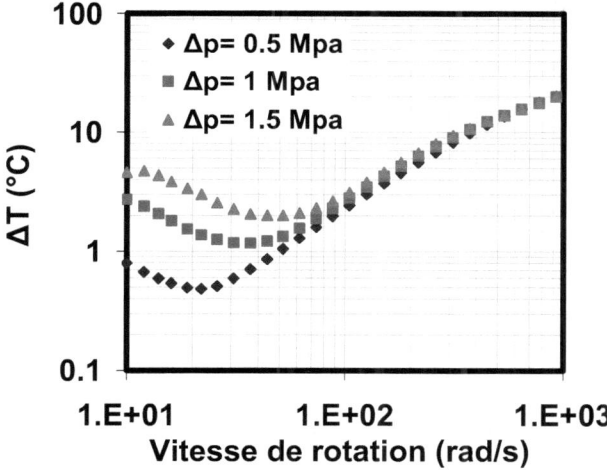

Figure 4.10: Influence de la pression du fluide sur la température (Surface D)

Nous constatons, par ailleurs, que la température diminue lorsque la pression est plus faible en régime de lubrification mixte (figure 4.10). Cette différence vient des forces de contact plus élevées pour de grandes valeurs de pression. Ensuite, la température augmente avec la vitesse en régime de lubrification hydrodynamique. Dans cette zone, où il n'y a plus de contact, la température augmente sous la seule influence de la dissipation visqueuse. On peut donc observer un rapprochement des courbes correspondant aux différentes valeurs de pression, puis une superposition pour le régime TEHD.

4.2.2 Influence du coefficient d'équilibrage (B_h)

La figure 4.11 montre l'influence du coefficient d'équilibrage (B_h) sur le coefficient de frottement et la séparation des faces. Lorsque le coefficient d'équilibrage est grand, cela revient à charger plus sévèrement le contact, sans modifier la pression. Le frottement calculé est donc plus élevé, puisque à vitesse constante, il y a plus d'aspérités en contact si le coefficient d'équilibrage augmente (figure 4.11b). Lorsque le film devient épais en raison des déformations des faces, les courbes se rapprochent pour les différentes valeurs de B_h. C'est le comportement inverse qui est observé sur la figure 4.11a. Logiquement, l'épaisseur de film diminue lorsque le coefficient d'équilibrage augmente.

L'augmentation du coefficient d'équilibrage (B_h) conduit à un coefficient de frottement plus élevé. Elle entraîne également une température plus importante. Cette différence est plus marquée en lubrification mixte où le coefficient de frottement est le plus affecté par le coefficient d'équilibrage (B_h) (figure 4.12). Lorsque le frottement se stabilise, la température continue à augmenter sous l'influence de la vitesse.

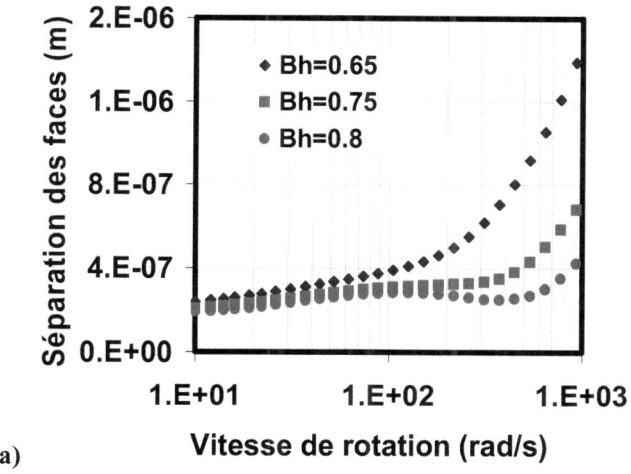

a)

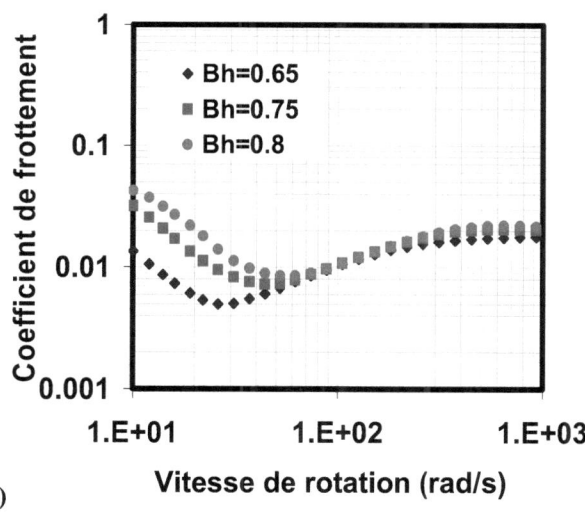

b)

Figure 4.11 : Influence du coefficient d'équilibrage : a) sur le coefficient de frottement b) sur la séparation des faces (surface D)

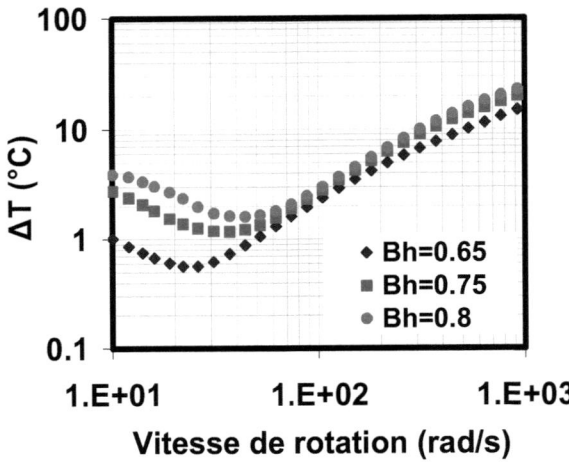

Figure 4.12 : Influence du coefficient d'équilibrage sur la température (surface D)

4.2.3 Influence de l'écart type des rugosités (S_q)

La figure 4.13 présente la variation de l'épaisseur moyenne de film et du coefficient de frottement en fonction de la vitesse, pour différentes valeurs de Sq. La valeur de l'écart-type de rugosité (Sq) définit l'intervalle de variation de la hauteur des rugosités. Lorsqu'elle est grande, la distance de séparation des faces à l'équilibre est aussi plus élevée (figures 4.13a). Par ailleurs, son augmentation conduit également à un déplacement de l'optimum de la courbe vers des valeurs plus élevées de la vitesse (figures 4.13b). Bien que l'épaisseur de film soit plus grande, le coefficient de frottement augmente en régime mixte lorsque l'écart-type de rugosité augmente. Les résultats similaires ont également été observés dans les travaux de Lebeck [71] et Summer-Smith [11].

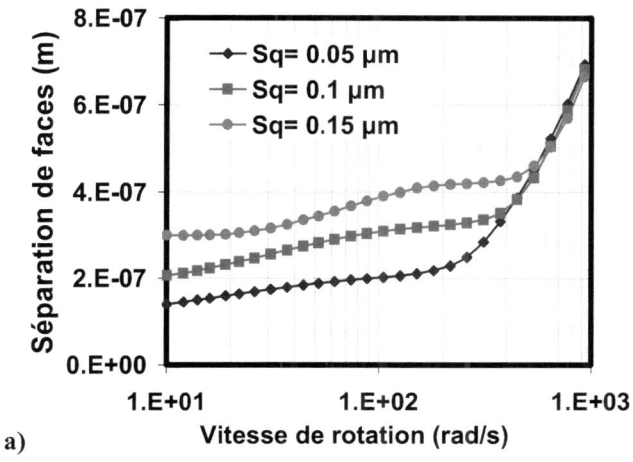

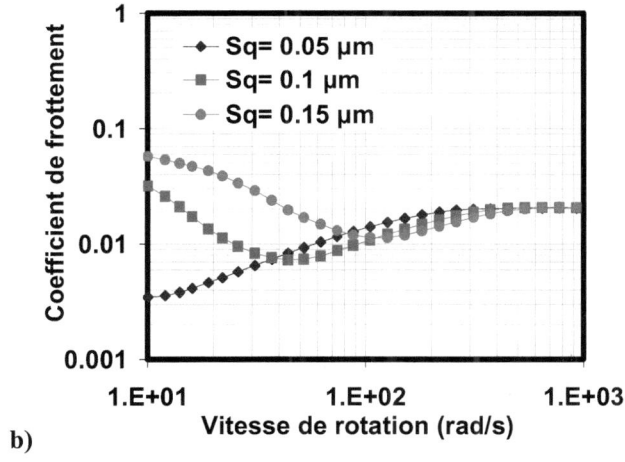

Figure 4.13: Influence de l'écart type : a) sur la séparation des faces b) sur le coefficient de frottement (surface D)

Pour de petites valeurs de Sq, la séparation des faces est obtenue à partir de faibles vitesses de rotation et donc de faibles coefficients de frottement en régime mixte **[140]**. En régime hydrodynamique, plus les valeurs de Sq sont faibles, plus l'épaisseur de film également est faible ce qui correspond à un coefficient de frottement plus grand. Puis en régime TEHD on n'observe plus aucun effet de l'écart-type des rugosités, le comportement devient similaire à celui des faces lisses.

La température moyenne dépend entre autres du contact entre les aspérités. Elle augmente donc avec la hauteur des rugosités (figure 4.14). Dans la zone de lubrification mixte où la hauteur des rugosités contrôle le comportement de la garniture, on constate que la température est plus élevée lorsque l'amplitude de rugosité augmente. Les courbes se superposent dans la zone où l'influence de la hauteur de rugosité devient négligeable devant l'épaisseur de film.

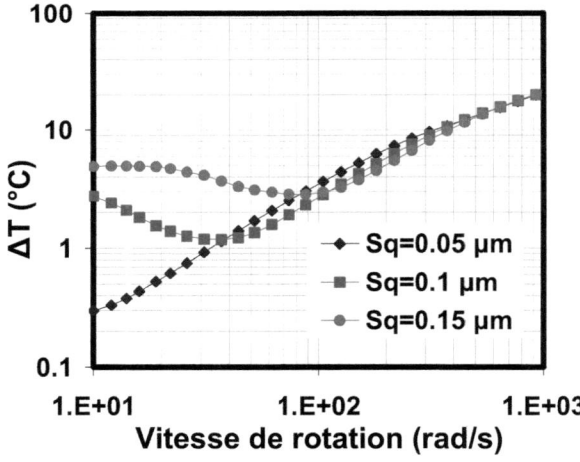

Figure 4.14: Influence de l'écart type sur la température (surface D)

4.2.4 Influence des matériaux

Dans cette partie, nous avons introduit un autre matériau, dont les caractéristiques sont données dans le tableau 4.3. Plusieurs combinaisons sont étudiées: la première configuration est celle de référence, la deuxième est assez similaire au cas de référence avec une face « dure» en Fonte Ni-resist alors que la face tendre reste en Carbone. Dans la troisième combinaison, les deux faces sont « dures » et constituées du même matériau: carbure de Silicium. Notons que le coefficient de frottement sec (f_s) reste constant (f_s =0,2) dans ce paragraphe, bien qu'il devrait varier avec les matériaux. Ceci nous permet d'identifier séparément l'influence de chaque paramètre.

Tableau 4. 3 : Caractéristiques des matériaux

Matériau	Fonte Ni résist (F)	SiC	C
Module de Young (GPa)	100	400	25
Coefficient de Poisson ν	0.2	0.17	0.2
Conductivité thermique k(W.m^{-1}°C^{-1})	50	150	15
Coefficient de dilatation λ 10^{-6}. °C^{-1}	15	4.3	4

Les résultats obtenus sont présentés sur la figure 4.15. En régime de lubrification mixte, les couples de garnitures en carbone/Sic et carbone/fonte conduisent à des comportements similaires car ce sont les déformations élastiques des aspérités en carbone qui contrôlent l'épaisseur de film et par la suite, le coefficient de frottement. Le couple en Sic/Sic se distingue avec des valeurs de coefficient de frottement plus élevées. En effet les rugosités plus rigides s'écrasent mais, conduisent à un film plus épais, donc moins de portance hydrodynamique mais, plus de contact donc plus de frottement. En régime TEHD, le coefficient de dilatation de la fonte étant plus grand, il conduit à une augmentation de la conicité (de l'épaisseur de film) et donc à diminuer le frottement (figure 4.15b).

Les faces des anneaux en SiC se déforment peu du fait de leur grande conductivité et du faible coefficient de dilatation, comme le montre la figure 4.15a. Ce couple de matériau conduit à des valeurs de l'épaisseur de film très faibles à l'équilibre et donc à des valeurs de coefficient de frottement plus grandes qu'avec les autres couples de matériaux.

La figure 4.16 montre la variation de température moyenne en fonction de la vitesse de rotation. Comme on peut le constater, le champ de température dépend non seulement du contact dans l'interface mais aussi des propriétés thermiques de chaque matériau. Le couple SiC/SiC est plus conducteur donc plus adapté pour évacuer la chaleur générée vers le fluide. Bien qu'il produise un coefficient de frottement plus important, la température des faces reste proche de celles obtenues avec les autres matériaux.

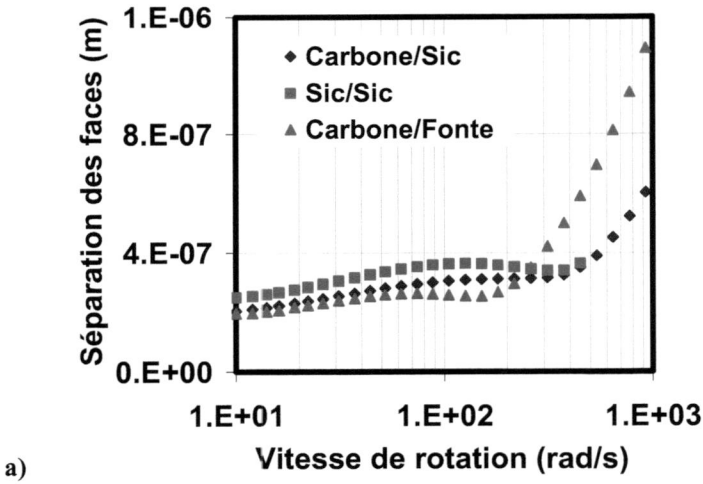

a)

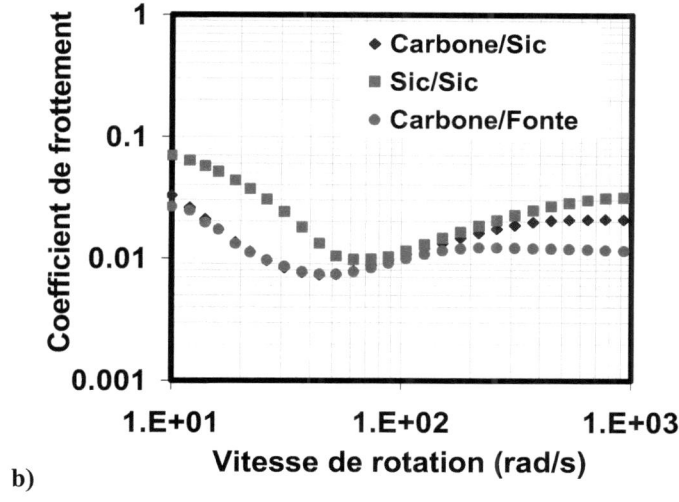

b)

Figure 4.15 : Influence des matériaux: a) sur la séparation des faces b) sur le coefficient de frottement (surface D)

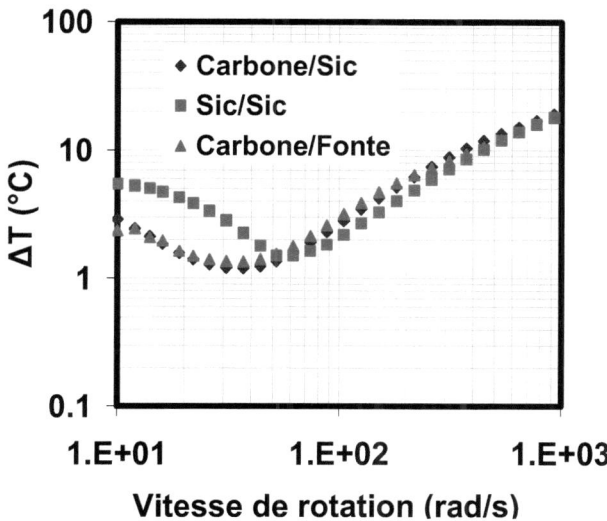

Figure 4.16 : Influence des matériaux sur la température (surface D)

Etude paramétrique

4.2.5 Influence du coefficient de frottement sec (f_s)

Le couple de frottement dû au contact des aspérités est calculé en se fixant une valeur du coefficient de frottement sec au contact des aspérités. La figure 4.17 montre l'évolution de l'épaisseur moyenne du film et du coefficient de frottement en fonction de la vitesse de rotation pour différentes valeurs du coefficient de frottement sec. Comme cela est prévisible, à vitesse constante, le coefficient de frottement calculé augmente avec le coefficient de frottement sec, tant qu'il y a contact des aspérités (figures 4.17b). En régime hydrodynamique, les courbes du coefficient de frottement sont confondues puisqu'il n'y a plus de contact. Cependant, l'épaisseur de film n'est que très légèrement affectée dans le régime de lubrification mixte. Il est donc accompagné d'un déplacement de l'optimum pour de grandes vitesses lorsque le coefficient de frottement augmente.

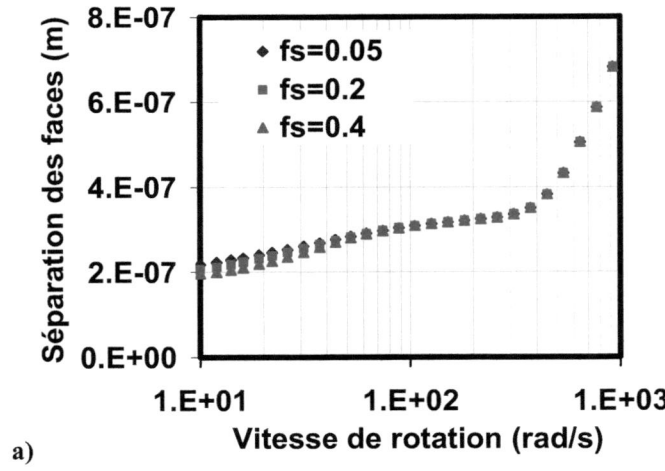

a)

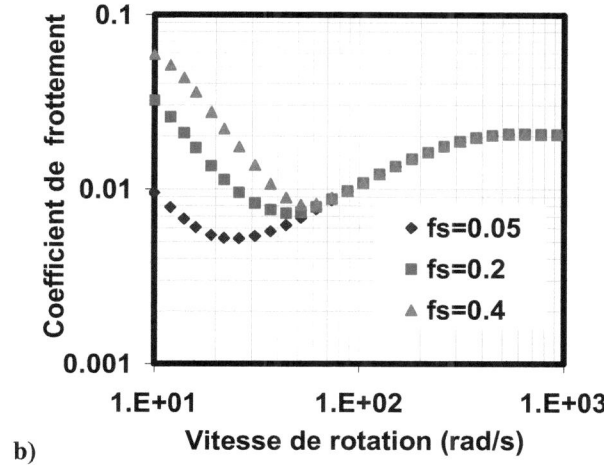

Figure 4.17 : Influence du coefficient de frottement sec : a) sur la séparation des faces b) sur le coefficient de frottement (surface D)

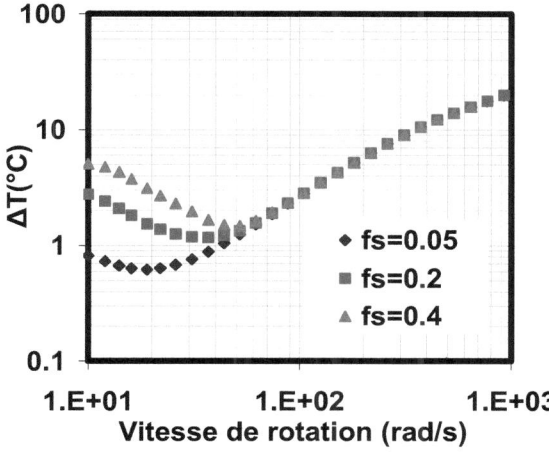

Figure 4.18 : Influence du coefficient de frottement sec sur la température (surface D)

La figure 4.18 présente l'évolution de la température moyenne. Assez logiquement, la température augmente en régime mixte lorsque le coefficient de frottement sec est plus élevé. Dès qu'il n'y a plus de contact, on n'observe plus d'effet et les courbes sont confondues.

4.2.6 Influence de la viscosité

Les valeurs du coefficient de frottement et de l'épaisseur moyenne de film sont présentées en fonction de la vitesse de rotation sur la figure 4.19. Le coefficient de frottement dépend des propriétés du lubrifiant et plus particulièrement de la viscosité qui contrôle la valeur du frottement visqueux et de la génération de portance hydrodynamique. Sur la figure 4.19a, on constate que, l'augmentation de la viscosité entraîne le déplacement de la zone où s'effectue la transition (entre régime mixte et hydrodynamique) vers des valeurs de vitesses plus faibles. Lorsque la valeur de la viscosité augmente, le coefficient de frottement est plus faible en régime mixte car une forte viscosité favorise la portance hydrodynamique. Dès qu'il n'y a plus contact, les résultats s'inversent. La figure 4.19b montre l'influence de la viscosité sur la séparation des faces. L'épaisseur augmente lorsque la viscosité augmente.

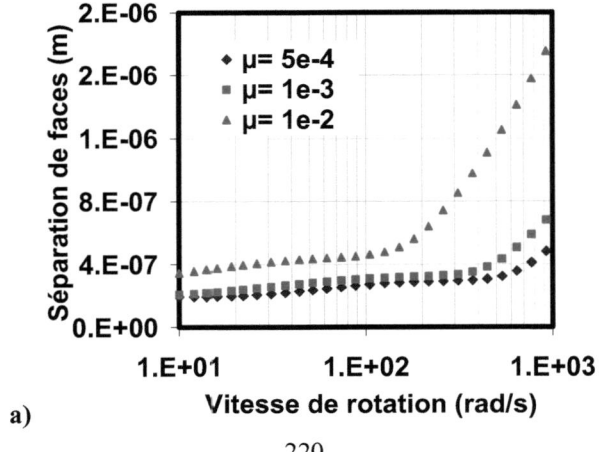

a)

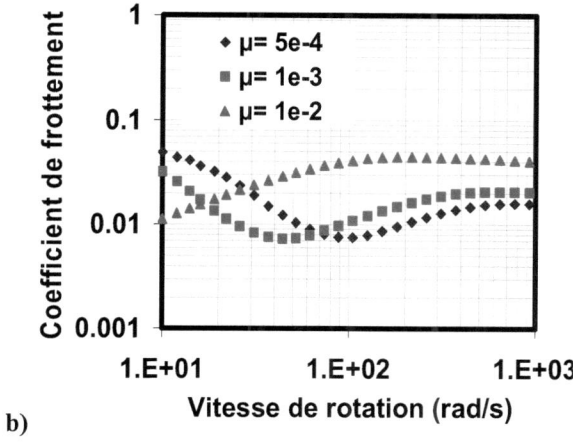

b)

Figure 4.19 : Influence de la viscosité : a) sur la séparation de face b) sur le coefficient de frottement (surface D)

La figure 4.20 montre l'évolution de la température en fonction de la vitesse de rotation. La température augmente lorsque la viscosité augmente. Toutefois en régime mixte, la température est plus faible lorsque la viscosité est plus élevée en raison de l'effet hydrodynamique qui limite le contact.

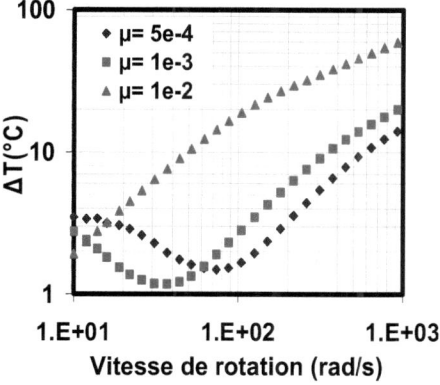

Figure 4.20 : Influence de la viscosité sur la température (surface D)

4.3 Paramètres sans dimension

Des nombres sans dimension peuvent être introduit afin d'obtenir une analyse générale des résultats. Reprenons tout d'abord l'expression de la viscosité utilisée au chapitre 3(§ 3.1.3).

$$\mu = \mu_0 \exp(-\beta_f \Delta T) \qquad (4.2)$$

Il est possible d'introduire une échelle de température pour obtenir une température sans dimension en utilisant le coefficient de thermoviscosité.

$$\overline{T} = \beta_f \Delta T \qquad (4.3)$$

Les déformations des anneaux peuvent être évaluées par un taux de déformation:

$$N_{th} = \frac{\beta_t}{\Delta T} \qquad (4.4)$$

β_t est la conicité induite par l'augmentation de la température. On peut également définir l'épaisseur de film de référence en fonction du taux de déformation thermique (N_{th}), du coefficient de thermoviscosité (β_f) et du coefficient d'équilibrage (B_h) [141].

$$h_{ref} = \frac{1}{2} \frac{N_{th} \Delta R}{\beta_f} \frac{(1 - B_h)}{(B_h - 0.5)} \qquad (4.5)$$

L'épaisseur de film adimensionnée est donnée par :

$$\overline{h} = \frac{h}{h_{ref}} \qquad (4.6)$$

Si les dimensions de la garniture sont connues, ainsi que le comportement des solides et les conditions de fonctionnement, il est possible de caractériser le comportement général de la garniture. En régime TEHD, deux paramètres sans dimension suffisent [141]: le nombre Se (nombre d'étanchéité) caractérise le comportement global de la garniture. Le second paramètre définit le degré de conicité initiale et est noté C_0.

$$S_e = \mu_0 \frac{\omega^2 R_{moy}^2 \beta_f^2 4(B_h - 0.5)}{E_{th} N_{th} \Delta R} S \qquad (4.7)$$

$$C_0 = \frac{\beta_e \beta_f}{N_{th}} \qquad (4.8)$$

Dans ces expressions, R_{moy}, E_{th}, B_h, β_e et S sont respectivement le rayon moyen de la garniture, l'efficacité thermique, le coefficient d'équilibrage total, la conicité initiale et l'aire du domaine considéré. Connaissant S_e et C_0, il est possible de calculer la température:

$$S_e = \overline{T}(\overline{T} + C_0)\exp(\overline{T}) \qquad (4.9)$$

A partir de cette expression, il est possible d'exprimer l'épaisseur de film de façon analytique [141].

$$\overline{h} = \overline{T} + C_0 \qquad (4.10)$$

Le paramètre C_0 vaut zéro dans le cadre de notre étude. En régime hydrodynamique rugueux, le comportement est contrôlé par le paramètre de service modifié G*[142].

$$G^* = G\left(\frac{\Delta R}{S_q}\right)^2 \left(\frac{B_h}{B_h - 0.5}\right) \qquad (4.11)$$

Il est également commode d'introduire un coefficient de frottement modifié f*.

$$f^* = f\left(\frac{\Delta R}{S_q}\right)^2 \left(\frac{B_h}{B_h - 0.5}\right) \qquad (4.12)$$

Dans le cas de la surface D, il a été montré [142] qu'en régime HDR

$$\frac{h}{S_q} = 1.07(G^*)^{0.25} \tag{4.13}$$

$$f^* = 44.5(G^*)^{0.75} \tag{4.14}$$

On peut aussi définir une épaisseur de référence sans dimension h^* :

$$h^* = 1.07(G^*)^{0.25} S_q \frac{1}{h_{ref}} \tag{4.15}$$

4.3.1 Résultats sans dimension

Le comportement de la garniture sera analysé dans ce paragraphe au moyen des nombres sans dimension S_e et G^*.

4.3.1.1 Influence de B_h

Nous ne reprenons ici que l'influence du coefficient d'équilibrage pour mettre en évidence l'intérêt des paramètres sans dimensions. La figure 4.21 montre l'évolution du rapport h/S_q et f^* en fonction du paramètre de service G^*, pour différentes valeurs de B_h. Les épaisseurs de films obtenues pour les différentes valeurs de B_h se superposent jusqu'au voisinage de $G^* < 100$ avec l'équation (4.13) (figure 4.21a). Lorsque les valeurs de G^* sont supérieurs à 100, le régime devient TEHD, et G^* n'est plus un facteur d'échelle. Sur la figure 4.21 b, on observe trois zones: une première où le coefficient de frottement f^* diminue avec le paramètre G^*. Dans cette partie, les courbes sont presque confondues pour toutes les valeurs de B_h, et atteignent le même optimum, pour la même valeur de G^*. Dans la deuxième zone on observe la tendance habituelle, avec le coefficient de frottement f^* qui augmente jusqu'à $G^* \approx 1000$. Dans cette zone, le régime est de type HDR, et l'équation (4.14) donne une approximation raisonnable de l'évolution du coefficient de frottement. Au-delà de cette valeur de G^*, on a une troisième zone où le coefficient de frottement se stabilise à une valeur inversée à B_h. Cette dernière zone correspond au régime hydrodynamique.

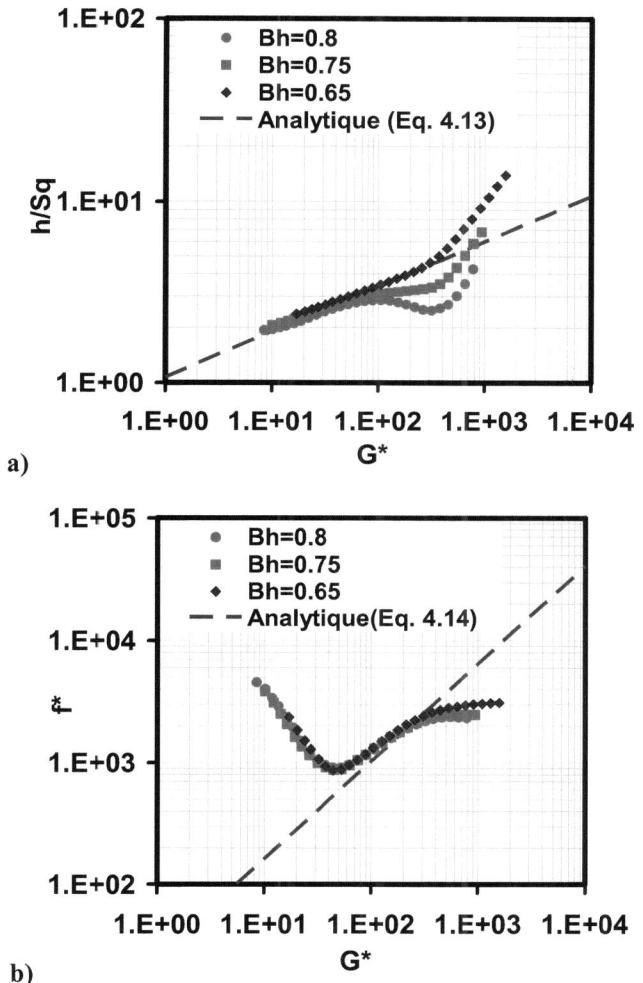

Figure 4.21: a) Variation de h/S_q en fonction de G^* b) variation de f^* en fonction de G^*

La figure 4.22 montre la variation de l'épaisseur de film $\bar{h}$ et de la température $\bar{T}$ en fonction du paramètre d'étanchéité S_e. Sur le graphe

4.22a, figurent également les courbes des épaisseurs de film de référence données par l'équation (4.15) pour chaque valeur de B_h. Nous constatons que les valeurs de l'épaisseur de film obtenues sont en accord avec l'équation (4.15) qui décrit le régime hydrodynamique rugueux pour les faibles valeurs de S_e. Lorsque S_e augmente, on observe une zone de transition, puis les courbes convergent vers l'expression analytique de l'épaisseur de film équation (4.10) décrivant le régime TEHD. On voit clairement les différents régimes où l'épaisseur de film est d'abord contrôlé par G^* puis par S_e

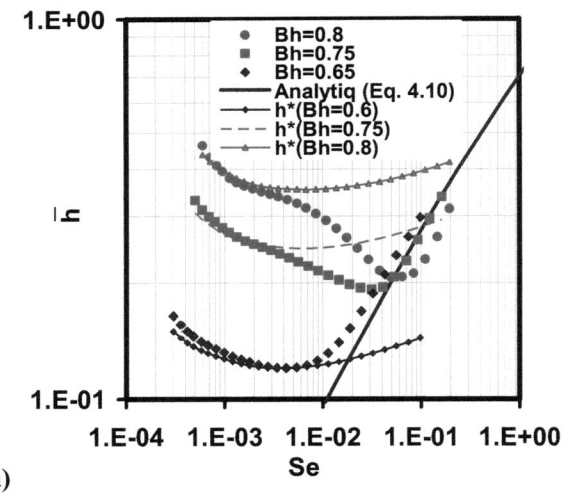

a)

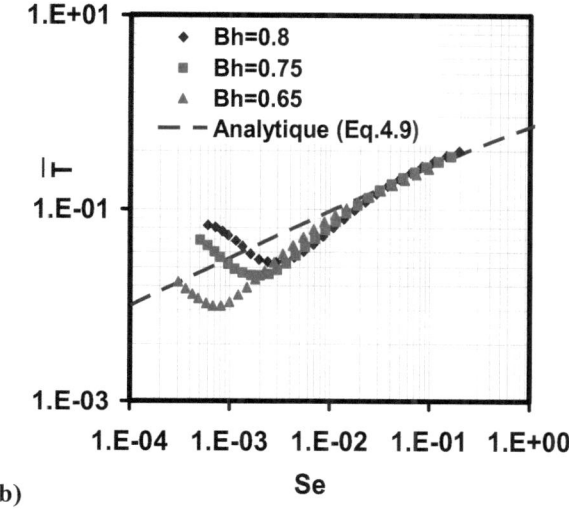

b)

Figure 4.22 : a)Variation de $\bar{h}$ en fonction de S_e b) variation de $\bar{T}$ en fonction de S_e

L'évolution de la température en fonction de S_e est présentée sur la figure 4.22b. Cette figure montre que, l'évolution de la température $\bar{T}$ est distincte d'une valeur de B_h à l'autre, en régime de lubrification mixte. Pour une même valeur de Se, la valeur de la température $\bar{T}$ obtenue augmente avec B_h. Pour les autres régimes, les courbes de températures tendent à se superposer avec le résultat analytique.

4.3.1.2 Evolution globale des paramètres

La figure 4.23a présente l'évolution du coefficient de frottement modifié f^* en fonction du paramètre G^* pour les différents paramètres étudiés. De manière générale, nous observons d'abord une zone décroissante pour tous les paramètres étudiés. Lorsque $G^* < 40$, le coefficient de frottement f^* diminue lorsque le paramètre G^* augmente quelle que soit la courbe considérée. Toutes les courbes atteignent leur valeur minimum au voisinage d'une même valeur de G^* (G^* =50), sauf le couple de matériaux SiC/SiC, qui se distingue avec des valeurs de frottement légèrement plus élevées. On observe ensuite une zone où le coefficient de frottement croit avec G^*. C'est la zone hydrodynamique rugueuse, où on observe une bonne superposition des courbes. Enfin, la dernière zone est contrôlée par les effets thermoélastiques, et les valeurs de frottement se distinguent clairement les unes des autres. Ceci provient du fait que les paramètres intervenant dans l'expression de G^* ne prennent pas en compte le comportement thermique.

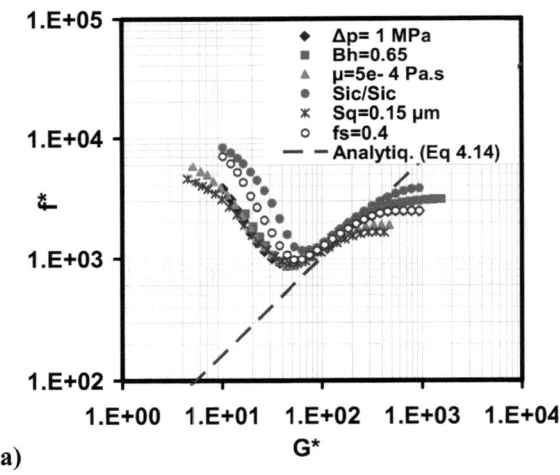

a)

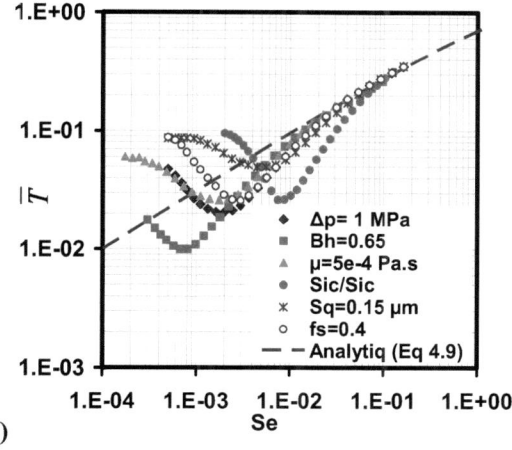

Figure 4.23 : a) Variation de f* en fonction de G* b) Variation de $\overline{T}$ en fonction de Se pour différents paramètres d'étude

L'évolution de la température en fonction de S_e est présentée sur la figure 4.23b, pour les différents paramètres. L'évolution de la température diffère d'un paramètre à un autre en régime mixte et hydrodynamique rugueux. En revanche, toutes les courbes se superposent, en régime TEHD, avec l'expression analytique, car dans cette zone S_e est le paramètre qui contrôle le comportement de la garniture mécanique. Nous constatons finalement que le paramètre G* est un facteur d'échelle pour les régimes mixte et hydrodynamique rugueux tandis que, le paramètre Se est mieux adapté en régime TEHD.

4.4 Conclusion

Ce chapitre a permis de mettre en œuvre le modèle multi-échelles développé au travers d'une étude permettant d'identifier l'influence des différents paramètres sur le comportement des garnitures mécaniques. Le cas de référence a été présenté pour les deux surfaces B et D. Les résultats obtenus se distinguent en régime de lubrification mixte et hydrodynamique rugueux où les rugosités contrôlent le comportement, puis sont confondus en régime TEHD où le comportement est gouverné par les effets thermiques.

En lubrification mixte, le coefficient de frottement diminue alors que le pourcentage de cavitation augmente et la température reste stable. En régime hydrodynamique rugueux, le coefficient de frottement augmente et le pourcentage de cavitation diminue alors que la température augmente. En régime TEHD, on observe une augmentation rapide de l'épaisseur de film et un pourcentage de cavitation qui diminue de façon asymptotique. Cependant le coefficient de frottement reste stable alors que la température continue à augmenter. Ce régime est assez proche de celui qui serait obtenu avec des faces lisses.

Dans la deuxième partie de cette étude, différents paramètres ont été étudiés. L'augmentation de la hauteur des rugosités (Sq), de la pression d'alimentation (ΔP), du coefficient d'équilibrage (B_h), du coefficient de frottement sec (fs) conduit à un déplacement de l'optimum vers des valeurs de vitesse plus grandes et à un coefficient de frottement plus élevé en régime de lubrification mixte. La variation de la viscosité produit un effet inverse. En régime TEHD, la température est principalement influencée par les matériaux et la viscosité qui déterminent l'amplitude des déformations.

L'introduction de nombres sans dimension a permis de généraliser les résultats. En régime de lubrification mixte et hydrodynamique rugueux, le comportement est contrôlé par le paramètre G^* et l'optimum est atteint, pour la surface D, a des valeurs de 50 à 60. En régime TEHD, c'est le nombre Se qui contrôle le comportement avec une superposition des courbes obtenues pour différents paramètres.

CHAPITRE V

5 Conclusions et perspectives

Les études concernant la modélisation de la lubrification mixte dans les garnitures mécaniques d'étanchéité ont un grand intérêt du point de vue industriel. Elles permettent d'améliorer le fonctionnement et les performances des garnitures dans diverses conditions. Le développement d'un code de calcul permettant de simuler le comportement des garnitures mécaniques et d'optimiser leur utilisation peut donc être un outil d'aide à la conception.

Le travail présenté dans ce mémoire a consisté en la modélisation de la lubrification mixte et du comportement thermique dans les garnitures mécaniques. Plusieurs thématiques ont été abordées au cours de ce travail : la modélisation de l'écoulement entre deux surfaces rugueuses en incluant un modèle de cavitation, la modélisation du contact des aspérités entre surfaces et enfin, la prise en compte du comportement thermique dans le film et dans les solides. Ainsi que les déformations des surfaces de contact.

Dans un premier temps, une étude bibliographique présentant l'état de l'art a permis de justifier le choix du développement d'une approche multi-échelles. Une autre partie de cette bibliographie a été consacrée au comportement thermique des garnitures mécaniques. Les points importants à inclure dans le modèle ont été mis en évidence.

Dans le second chapitre de ce mémoire, une étude expérimentale visant à évaluer les valeurs réelles des paramètres caractéristiques des surfaces au cours du rodage, a été présentée. Nous n'avons néanmoins pas pu observer une tendance dans l'évolution des hauteurs de rugosités. Cette étude a été suivie par la description du modèle numérique développé pour la lubrification mixte dans les garnitures mécaniques. Ce modèle dit « multi-échelles » a consisté à décomposer le domaine d'étude en plusieurs sous-domaines, délimités par des cercles concentriques. Ce découpage constituant le maillage macroscopique est à son tour structuré de maillages fins et réguliers, dans le plan cylindro-polaire. Le modèle ainsi décrit a permis de déterminer le champ de pression sur les bornes de chaque domaine en utilisant la loi de conservation de la masse, établie au moyen de coefficients calculés sur le maillage microscopique. Le modèle multi-échelles a été validé en comparaison avec une solution analytique d'une part puis, avec un modèle déterministe d'autre part. Les différents résultats montrent que les modèles multi-échelles et déterministe sont très proches. De plus, grâce à l'utilisation combinée de l'approche multi-échelles et du calcul parallèle, le temps de calcul a été considérablement réduit. Nous avons également constaté que l'augmentation du nombre de sous-domaines entraîne une perte de précision par rapport au modèle déterministe.

La modélisation du comportement thermique des garnitures mécaniques a été présentée dans le troisième chapitre. Les transferts de chaleur dans l'interface ont été évalués en supposant que le flux dissipé par frottement dans le film est transmis aux anneaux par conduction. Les équations de la chaleur et de Lamé-Navier ont été ensuite présentées. La résolution des équations du problème a permis tour à tour de déterminer le champ de pression dans le film, le champ de température dans le film et dans les solides, ainsi que les déformations associées. Ce modèle a été validé par une étude comparative avec un modèle TEHD dans le cas de faces lisses. Pour le cas des surfaces rugueuses, nous avons analysé le comportement de la garniture avec différents modèles : HD, THD et TEHD. Les résultats obtenus avec deux exemples de surfaces font apparaître trois zones bien distinctes : une première zone où le coefficient de frottement diminue pendant que le taux de cavitation augmente et où les épaisseurs de film restent très faibles. Dans la deuxième zone le coefficient de frottement et l'épaisseur de film augmentent alors que le taux de cavitation diminue de manière asymptotique. Enfin, il y a une troisième zone où les écarts entre les trois modèles se creusent. Les valeurs du coefficient de frottement sont assez faibles pour le modèle TEHD, en raison de l'augmentation de la température, conduisant à des déformations des faces. L'effet des rugosités devient insignifiant, et le comportement de la garniture se rapproche progressivement de celui qui serait obtenu avec des faces lisses. Cette analyse a permis d'identifier trois régimes de fonctionnement de la garniture: régime mixte, hydrodynamique rugueux et thermoélastohydrodynamique.

Le dernier chapitre de ce mémoire présente une étude paramétrique, réalisée autour d'un cas de « référence ». Les résultats obtenus avec les deux surfaces ont permis d'étudier le comportement dans les trois régimes de lubrification : les régimes de lubrification mixte et de lubrification hydrodynamique rugueuse où les rugosités contrôlent le comportement, enfin le régime TEHD où le comportement est gouverné par les effets thermiques.

En évaluant le comportement de la garniture sous l'effet d'une variation de la hauteur des rugosités (S_q), de la pression d'alimentation (ΔP), du coefficient d'équilibrage (B_h), du coefficient de frottement sec (fs) de la viscosité (μ) et des matériaux, il apparaît que leur augmentation conduit un déplacement de l'optimum et à un coefficient de frottement plus élevé en zone mixte. Dans la zone TEHD, on constate que la température est principalement influencée par les matériaux et la viscosité. Les résultats dans cette partie ont été généralisés au travers de nombre sans dimension : le paramètre G^* et S_e.

Les travaux de cette étude permettent de faire un lien entre les différentes études **[7, 74, 95, 106, 141]** réalisées au sein du laboratoire depuis une dizaine d'années. Le code développé au cours de cette étude est opérationnel et la notice d'utilisation a été livrée au partenaire industriel (CETIM).

Perspectives

Les perspectives concernant la poursuite de cette étude se situent sur plusieurs axes. L'amélioration du modèle de contact des aspérités est d'abord concernée. Ce dernier pour l'instant repose sur la théorie élastique d'Hertz. Il serait intéressant de considérer les déformations élastiques non seulement à l'échelle microscopique mais aussi macroscopique, ce qui permettrait d'améliorer la modélisation du contact des aspérités. Un autre aspect important est l'introduction d'un comportement instationnaire résultant des défauts géométriques des deux surfaces en contact.

Le modèle développé pourrait être étendu à un domaine multi-échelles bidimensionnel, avec une section angulaire plus grande. Dans un tel modèle, les zones où les rugosités contrôlent l'écoulement (régime mixte ou hydrodynamique rugueux) seront traitées au travers d'une approche déterministe. Dans les zones où le film est complet (plus d'influence des rugosités) une résolution simplifiée, analytique (cas axisymétrique stationnaire) ou numérique (cas 3D et/ou instationnaires) pourra être utilisée à l'échelle macroscopique. Ceci permettra de réduire le temps de calcul et l'espace mémoire nécessaire. Certains aspects comme le modèle microscopique nécessitent d'être analysés en profondeur en intégrant un modèle de sous-mailles **[143]**. Ceci permettra de prendre en compte l'effet des hautes fréquences de rugosité, qui ne peuvent être résolues dans le modèle microscopique, et de limiter la dépendance au maillage.

L'un des objectifs à venir serait de prédire la durée de vie des garnitures mécaniques, en intégrant un modèle d'usure ou d'endommagement des aspérités lorsque les limites élastiques de celles-ci sont dépassées. Enfin, il sera utile d'effectuer des validations expérimentales par l'intermédiaire du nouveau banc d'essais qui est maintenant disponible dans notre laboratoire.

Références bibliographiques

[1] **LE-CON Seals Private Limited**, Mumbai – (Maharashtra) INDIA. site: www.lecon.in

[2] **Etsion I., Sharoni A.**, "The Effect of Coning on Radial Forces in Misaligned Radial Face Seal", ASLE Transactions, 1980, Vol. 23 (3), pp. 279-288.

[3] **Wileman J. M.**, "Dynamic Analysis of Eccentric Mechanical Face Seals", Thèse de doctorat, Georgia Institut of Technology, 1994.

[4] **Wileman J. M.**, "Dynamic Response of Eccentric Face Seals to Synchronous Shaft Whirl", Journal of Tribology, 2004, Vol.126, pp. 301-309.

[5] **Person V., Tournerie B., Frêne J.**, "A Numerical Study of the Stable Dynamic Behavior of Radial Face Seal with Groove Face", Journal of Tribology, 1997, Vol. 119, pp. 507-514.

[6] **Brunetière N.**, "Les Garnitures Mécaniques : Etude Théorique et Expérimentale", HDR, Université de Poitiers, 2010.

[7] **Minet C.**, "Lubrification Mixte dans les Etanchéités Dynamique : Application aux Garnitures Mécaniques", Thèse de doctorat, Université de Poitiers, 2010.

[8] "Technique de l'Ingénieur : Garnitures Mécaniques, Montage et Maintenance ", BM 5 425.

[9] **Lebeck A. O.**, "Principle and Design of Mechanical Face Seal", John Wiley & Sons, Inc., New York, 1991.

[10] **Dowson D.**, "History of Tribology", 2nd Edition, John Wiley & Sons, 1998.

[11] **Summer-Smith D.**, "Laboratory Investigation of the Performance of a Radial Face Seal", Proceeding of International Conference of Fluid Sealing, BHRA, paper D1. April 1961.

[12] **Lebeck A. O.**, "A Mixed Friction Hydrostatic Mechanical Face Seal Model with Thermal Rotation and Wear", ASLE Transactions, 1979, Vol. 23 (5), pp. 375-387.

[13] **Lubbinge H.**, "On the Lubrication of Mechanical Face Seals", PhD Thesis, University of Twente, 1999.

[14] Nau B. S., "Hydrodynamic in Face Seals", Proceeding of 3st International Conference on Fluid Sealing, BHRA, paper E5, Cambridge, England April 1967, pp. 73-120.

[15] **Greenwood J. A., Williamson J. B. P.**, "Contact of Nominally Flat Surfaces", Proceedings of the Royal Society (London), A295, 1966, pp. 300-319.

[16] **Greenwood J. A., Tripp J. H.**, "The Elastic Contact of Rough Spheres", Journal of Applied Mechanics, 1967, Vol. 34, pp. 153-159.

[17] **Greenwood J. A., Tripp J. H.**, "The Contact of Two Nominally Flat Rough Surfaces", Proceedings of the Institution of Mechanical Engineers, 1970-71, Vol. 185, pp. 625-633.

[18] **Hisakado T.**, "Effects of Surface Roughness on Contact between Solid Surfaces", Wear, 1974, Vol. 28, pp. 217-234.

[19] **Bush A. W., Gubson R. D., Thomas T. R.**, "The Elastic Contact of a Rough Surface", Wear, 1975, Vol. 35, pp. 87-111.

[20] **O'Callaghan M., Cameron M.A.**, "Static Contact Under Load between Nominally Flat Surfaces in which Deformation is Purely Elastic", Wear, 1976, Vol. (36) pp. 79-97.

[21] **Ishigaki H., Kawaguchi I.**, "A Simple Estimation of the Elastic –Plastic Deformation of Contacting Asperities", Wear, 1979, Vol. 54, pp. 157-164.

[22] **Woo K. L., Thomas T. R.**, "Contact of Rough Surface: A Review of Experimental Work", Wear, 1980, Vol. 58, pp. 331-340.

[23] **McCool J. I.**, "Comparison of Model for the Contact of Rough Surfaces", Wear, 1986, Vol. 107, pp. 37-60.

[24] **Chang W. R., Etsion I., Bogy D. B.**, "An Elastic-Plastic Model for the Contact of Rough Surfaces", Journal of Tribology, 1987, Vol. 109, pp. 257-263.

[25] **Zhao Y., Maletta D. M., Chang L.**, "An Asperity Microcontact Model Incorporating the Transition from Elastic Deformation to Fully Plastic Flow", Journal of Tribology, 2000, Vol. 122, pp. 257-263.

[26] **Robbe-Valloire F., Paffoni B., Progri R.**, "Load Transmission by Elastic, Elasto-Plastic or Fully Plastic Deformation of Rough Interface Asperities", Mechanics of Materials, 2001, Vol. 33, pp. 617-633.

[27] **Kogut L., Etsion I.**, "Elastic-Plastic Contact Analysis of a Sphere and a Rigid Flat", Journal of Applied Mechanics, 2002, Vol. 69, pp. 657-662.

[28] **Kogut L., Etsion I.**, "A Finite Element Based Elastic-Plastic Model for the Contact of Rough Surfaces", Tribology Transactions, 2003, Vol. 46, pp. 383-390.

[29] **Tian X., Bhusham B.**, "A Numerical Three-Dimensional Model for the Contact of Rough Surfaces by Variational Principle", Journal of Tribology, 1996, Vol. 118, pp. 33-41.

[30] **Kalker J. J., Van Randen Y.**, "A Minimum Principle for Frictionless Elastic Contact with Application to Non-Hertzian Half-Space Contact Problems", Journal of Engineering Mathematics, 1972, Vol. 6, pp. 193-206.

[31] **Chen W. T.**, "Computation of Stresses and Displacements in a Layered Elastic Medium", International Journal of Engineering Science, 1971, Vol. 9, pp. 775-800.

[32] **Allwood J.**, "Survey and Performance Assessment of Solution Methods for Elastic Rough Contact Problems", Journal of Tribology, 2005, Vol. 127, pp. 10-23.

[33] **Polonsky I. A., Keer L. M.**, "Scale Effects of Elastic-Plastic Behavior of Microscopic Asperity Contact", Journal of Tribology, 1996, Vol.118, pp. 335-340.

[34] **Dobrica M. B., Fillon M., Maspeyrot P.**, "Influence of Mixed-Lubrication and Rough Elastic-Plastic Contact on the Performance of Small Fluid Film Bearings", Tribology Transactions, 2008, Vol. 51, pp. 699-717.

[35] **Tzeng S. T., Saibel E.**, "Surface Roughness Effect on Slider Bearing Lubrication" ASLE Transactions, 1967, Vol. 10, pp. 334-338.

[36] **Christensen H.**, "Stochastic Models for Hydrodynamic Lubrication of Rough Surfaces", Proceedings of the Institution of Mechanical Engineers, Part J: Journal of Engineering Tribology, 1970, Vol. 184, pp. 1013-1022.

[37] **Christensen H., Tonder K.**, "The Hydrodynamic Lubrication of Rough Bearing Surfaces of Finite Width", Journal of Lubrication Technology, 1971, Vol. 93, pp. 324-330.

[38] **Christensen H., Tonder K.**, "The Hydrodynamic Lubrication of Rough Journal Bearings", Journal of Lubrication Technology, 1973, Vol. 95, pp. 166-171.

[39] **Elrod H. G.**, "Thin-Film Lubrication Theory for Newtonian Fluids with Surfaces Processing Striated Roughness or Grooving", Journal of Lubrication Technology, 1973, Vol. 95, pp. 484-489.

[40] **Rhow S. K., Elrod H. G.**, "The Effects on Bearing Load Carrying Capacity of Two-Sided Striated Roughness", Journal of Lubrication Technology, 1974, Vol. 96, p. 554-560.

[41] **Chow L. S. H., Cheng H. S.**, "Influence of Surface Roughness on Average Film Thickness between Lubricated Rollers", ASLE Transactions, 1976, Vol. 18, pp. 117-124.

[42] **Patir N., Cheng H. S.**, "An Average Flow Model for Determining Effects of Three-Dimensional Roughness on Partial Hydrodynamic Lubrication", Journal of Lubrication Technology, 1978, Vol. 100, pp. 12-17.

[43] **Patir N., Cheng H. S.**, "Application of Average Flow Model to Lubrication between Rough Sliding Surfaces", Journal of Lubrication Technology, 1979, Vol. 101, pp. 220-230.

[44] **Peklenik J.**, "New Developments in Surface Characterization and Measurement by Means of Random Process Analysis", Proceedings of the Institution of Mechanical Engineers, Part K: Journal of Multi-Body Dynamics, 1967-68, Vol. 182, pp.108-126

[45] **Tripp J. H.**, "Surface Roughness Effects in Hydrodynamic Lubrication: the Flow Factor Method", Journal of Lubrication Technology, 1983, Vol. 105, pp. 458-465.

[46] **Tonder K.**, "The Lubrication of Unidirectional Striated Roughness: Consequence for Some General Roughness theories", Journal of Tribology, 1986, Vol. 108, pp. 167-170.

[47] **Lebeck A. O.**, "Parallel Sliding Load Support in the Mixed Friction Regime. Part 1-The Experimental Data", Journal of Tribology, 1987, Vol. 109, pp. 189-195.

[48] **Lebeck A. O.**, "Parallel Sliding Load Support in the Mixed Friction Regime. Part 2-Evaluation of the Mechanisms", Journal of Tribology, 1987, Vol. 109, pp. 196-205.

[49] **Hu Y., Zheng L. Q.**, "Some Aspects of Determining the Flow Factors", Journal of Tribology, 1989, Vol. 111, pp. 525-531.

[50] **Harp S. R., Salant R. F.**, "An Average Flow Model of Rough Surface Lubrication with Inter-Asperity Cavitation", Journal of Tribology, 2001, Vol. 123, pp. 134-143.

Références bibliographiques

[51] **Kim T. W., Cho Y. J.**, "The Flow Factors Considering the Elastic Deformation for the Rough Surface with a Non Gaussian Height Distribution", Tribology Transactions, 2007, Vol. 51, pp. 213-220

[52] **Sadeghi F., Sui P. C.**, "Thermal Elastohydrodynamique Lubrication of Rough Surfaces", Journal of Tribology, 1990, Vol. 112, pp. 341-346.

[53] **Venner C. H., Ten Napel W. E.**, "Surface Roughness Effect in EHL Line Contact", Journal of Tribology, 1992, Vol. 114, pp. 612-622.

[54] **Lubrecht A. A., Ten Napel W.E, Bosma R.**, "Multigrid an Alternitive Method for Calculating Film Thickness and Pressure Profile in Elastohydrodynamic Lubricated Line Contact", Journal of Tribology, 1986, Vol. 100 (4), pp. 551-556.

[55] **Ai X., Cheng H. S.**, "A Transient EHL Analysis for Line Contacts with Measured Surface Roughness Using Multigrid Technique", Journal of Tribology, 1994, Vol. 116, pp. 549-558.

[56] **Jiang X., Hua D. Y., Cheng H. S., Ai X., Lee S. C.**, "A Mixed Elastohydrodynamic Lubrication Model With Asperity Contact", Journal of Tribology, 1999, Vol. 121, pp. 481-491.

[57] **Wang Q.J., Zhu D., Cheng H. S., Yu T., Jiang X., Liu S.**, "Mixed Lubrication Analyses by a Macro-Micro Approach and a Full-Scale Mixed EHL Model", Journal of Tribology, 2004, Vol. 126, pp. 81-91.

[58] **Zhu D., Hu Y.**, "A Computer Program Package for the Prediction of EHL and Mixed Lubrication Characteristics, Friction, Subsurface Stresses and Flash Temperatures Based on Measured 3-D Surface Roughness", Tribology Transactions, 2001, Vol. 44, pp. 383-390.

[59] **Dobrica M. B., Fillon M., Maspeyrot P.**, "Mixed Elastohydrodynamic Lubrication in a Partial Journal Bearing – Comparison between Deterministic and Stochastic Models", Journal of Tribology, 2006, Vol. 128, pp. 778-788.

[60] **Bayada G., Chambat M.**, "New Models in the Theory of the Hydrodynamic Lubrication of Rough Surfaces", Journal of Tribology, 1988, Vol. 110, pp. 402-407.

[61] **Bayada G., Faure J.B.**, "A Double Scale Analysis Approach of the Reynolds Roughness Comments and Application to the Journal Bearing", Journal of Tribology, 1989, Vol. 111, pp. 323-330.

[62] Kane M., "Contribution à l'étude de l'influence de la rugosité et des effets non-Newtoniens dans les contacts sévères lubrifiés", Thèse de doctorat, Université Claude Bernard de Lyon, 2003

[63] Buscaglia G., Jaï M., "A New Numerical Scheme for Non Uniform Homogenized Problems: Application to the Non Linear Reynolds Compressible Equation", Mathematical Problems in Engineering, 2000, Vol. 7, pp. 355-378.

[64] Jai M, Bou-Said B., "A Comparison of Homogenization and Averaging Techniques for the Treatment of Roughness in Slip-Flow-Modified Reynolds Equation", Journal of Tribology, 2002, Vol. 124, pp. 327-335.

[65] Bayada G., Martin S., Vazquez C., "An Average Flow-Model of the Reynolds Roughness Including a Mass-Flow Preserving Cavitation Model", Journal of Tribology, 2005, Vol. 127, pp. 793-802.

[66] Martin S., "Influence of Multiscale Roughness Pattern in Cavitation Flows: Applications to Journal Bearing", Mathematics .Problems in Engineering, 2008, 25 pages.

[67] Pullen J., Williamson J. B. P., "On the Plastic Contact of Rough Surfaces", Proceedings of Royal Society (London), 1972, A. 327, pp. 159-173.

[68] Lebeck A. O. "A Mixed Friction Hydrostatic Mechanical Face Seal Model with phase Chang", ASLE Transactions, 1980, Vol. 102, pp. 133-138.

[69] Etsion I., Front I., "A Model for Static Sealing Performance of End Face Seals", Tribology Transactions, 1994, Vol. 37, pp. 111-119.

[70] Ruan B., Salant R. F., Green I., "A Mixed Lubrication Model of Liquid/Gas Mechanical Face Seals", Tribology Transactions, 1997, Vol. 40, pp. 647-657.

[71] Lebeck A. O., "Mixed Lubrication in Mechanical Face Seals with Plain Faces", Proceedings of the Institution of Mechanical Engineers, Part J: Journal of Engineering Tribology, 1999, Vol. 213, pp. 163-175.

[72] Harp S. R., Salant R. F., "Inter-Asperity Cavitation and Global Cavitation in Seals: an Average Flow Analysis", Tribology international, 2002, Vol. 35, pp. 113-121.

[73] Green I., "A Transient Dynamic Analysis of Mechanical Seals Including Asperity Contact and Face Deformation", Tribology Transactions, 2002, Vol. 45, pp. 284-293.

[74] **Minet C., Brunetière N., Tournerie B.**, "A Deterministic Mixed Lubrication Model for Mechanical Seals", Journal of Tribology, 2011, Vol. 133(4), 042203, 11 pages.

[75] **Hou T.Y., Wu X. H.**, "A Multiscale Finite Element Method for Elliptic Problems in Composite Materials and Porous Media", Journal of computation Physics, 1997, Vol.134, pp 169-189.

[76] **Hou T. Y., Wu X.H, Cai Z.**, "Convergence of a Multiscale Finite Element Method for Elliptic Problems with Rapidly Oscillating Coefficients", Mathematics of Computation, 1999; Vol. 68 (227), pp. 913-943.

[77] **Efendiev Y.R., Hou T.Y, Wu X.H.**, "Convergence of a Nonconforming Multiscale Finite Element Method", Journal of Numerical Analysis, 2000, Vol. 37, pp. 888-910.

[78] **Chen Z, Hou T.Y.**, "A Mixed Finite Element Method for Elliptic Problems with Rapidly Oscillating Coefficients", Mathematics of Computation, 2002; Vol. 72 (242), pp. 541-576.

[79] **Arbogast S.L., Bryant A.**, "A Two-Scale Numerical Subgrid Technique for Waterflood Simulations", Society of Petroleum Engineer, 2002, Vol. 7 (4), pp. 446–457.

[80] **Efendiev Y.R., Hou T. Y.**, "Multiscale Finite Element Methods for Porous Media Flows and their Application", Applied Numerical Mathematics, 2006, Vol. 57 (5-7), pp. 577-596.

[81] **Jiang S., Huang Y.**, "Numerical Investigation on the Boundary Conditions for the Multiscale Base Functions", Communication in Computational Physics, 2009, Vol.5 (5), pp. 928-941.

[82] **Jenny P., Lee S.H., Tchelepi H.A.**, "Multi-scale Finite Volume Method for Elliptic Problems in Subsurface Flow Simulation", Journal of Computation Physics, 2003, Vol. 187, pp 47-67.

[83] **Lunati I., Jenny P.**, "Multiscale Finite-Volume Method for Compressible Multiphase Flow in Porous Media", Journal of computation Physics, 2006, Vol.216, pp. 616-636.

[84] **Ben Dhia H., Rateau G.**, "The Arlequin Method as a Flexible Engineering Design Tool", International Journal for Numerical Methods in Engineering, 2005, Vol. 62 (11), pp. 1442-1462.

[85] **Touzeau J., Chiaruttini V., Feyel F., Ben D.**, "Approche Multi-échelles Arlequin pour l'Etude des Structures Composites Stratifiées", CSMA 2011

Références bibliographiques

10ème Colloque National en Calcul des Structures 9-13 Mai 2011, Presqu'île de Giens (Var).

[86] **Rateau G.**, "Méthode Arlequin pour les Problèmes Mécaniques Multi-échelles" Thèse de doctorat, Ecole Centrale Paris, 2003.

[87] **Federenko R. P.**, "A Relaxation method for solving elliptic", U.S.S.R. Computation Mathematics and Physics, 1962.

[88] **Brandt A.**, "Multi-Level Adaptive Solution to Boundary-Value Problems" Computation Mathematics, 1977, Vol. 31 (138), pp 333-390.

[89] **Venner C.H, Lubrecht A. A.**, "Multilevel Methods in Lubrication" Elsevier, Tribology series, 2000, Vol. 37, 400 pages.

[90] **Denny D.F.**, "Some Measurements of Fluid Pressure between Plane Parallel Thrust surfaces With Specials Reference to the Behavior of Radial Face Seal",Wear,1961, Vol. 4 (1), pp.64-83.

[91] **Orcutt F. K.**, "An Investigation of the Operation and Failure of Mechanical Face Seals", Journal of Lubrication Technology, 1969, Vol. 95, pp. 713-725.

[92] **Banerjee B. N, Burton R. A.**, "Experimental Studies on Thermoelastic Effects in Hydrodynamically Lubricated Face Seal", Journal of Lubrication Technology, 1979, Vol. 101 (3), pp. 257-282.

[93] **Tournerie B., Reungoat D., Frêne J.**, "Temperature Measurements by Infrared Thermography in the Interface of the Radial Face Seal", Journal of Tribology, 1991, Vol. 113, pp. 571-576.

[94] **Reungoat D., Tournerie B.**, "Application de la Thermographie Infrarouge à l'Etude d'un Contact Annulaire Lubrifié", Matériaux-Mécanique-Electricité, 1991, N° 438, pp. 31-32.

[95] **Brunetiere N.**, "Etude Théorique et Expérimentale du Comportement Thermo-élasto-hydrodynamique des Garnitures d'Etanchéité", Thèse de Doctorat, Université de Poitiers, 2001.

[96] **Migout F.**, "Etude Théorique et Expérimentale du Changement de Phase dans un Contact de Garniture Mécanique d'Etanchéité", Thèse de Doctorat, Université de Poitiers, 2010.

[97] **Knoll G., Peeken H., Hoft H-W.**, "Thermohydrodynamic Calculation of End Face Seals", Proceeding of 14th International Conference on Fluid Sealing, BHRG, Firenze- Italy, 1994.

Références bibliographiques

[98] **Person V., Tournerie B.**, "THD Aspects in Misaligned Wavy Face Seals", Proceeding of 15th International Conference on Fluid Sealing, BHRG, pp. 505-519, Maastricht-Netherlands, 1997.

[99] **Danos J.C., Tournerie B., Frêne J.**, "Notched Rotor Face Effects on Thermohydrodynamic Lubrication in Mechanical Face Seal", Science Direct, Tribology series, 2000, Vol. 38, pp. 251-259.

[100] **Danos J.C., Tournerie B., Frêne J.**, "THD Lubrication of Mechanical Face Seals during Transient Period after Start-up: 2D Modelisation", ScienceDirect, Tribology series, 2003, Vol. 41, pp.477-488.

[101] **Tournerie B. Danos J. C., Frêne J.**, "Three Dimensional Modeling of THD Lubrication in Face-Seal", Journal of Tribology, 2001, Vol. 123, pp 196-204.

[102] **Brunetière N., Tournerie B., Frêne J.**, "TEHD Lubrication of Mechanical Face Seals in Permanent Regime. Part 1 - Numerical Model and Experiments", Journal of Tribology, 2003, Vol. 125, pp. 608-616.

[103] **Tournerie B., Brunetiere N., Danos J.C.**, "2D Numerical Modeling of the TEHD Transient Behavior of Mechanical Face Seals", Proceeding of 17th International Conference on Fluid Sealing, BHRG, 2003, York- UK, pp. 43-57.

[104] **Tournerie B., Brunetiere N., Cicone T.**, "Lubrification thermo élasto hydrodynamique des garnitures mécaniques d'étanchéité en régime transitoire de démarrage; comparaison des modélisations 1D et 2D", Journées francophones de Tribologie, JFT 2005, Tarbes, 11 – 13 mai 2005

[105] **Salant R. F., Cao B.**, "Unsteady Analysis of a Mechanical Seal Using Duhamel Method", Journal of Tribology, 2005, Vol. 127, pp. 623-631

[106] **Brunetière N., Tournerie B., Frêne J.**, "TEHD Lubrication of Mechanical Face Seals in Permanent Regime: Part 2- Parametric Study", Journal of Tribology, 2003, Vol. 125, pp. 617-627.

[107] **Brunetière N., Tournerie B., Frêne J.**, "A Simple and Easy-to-Use TEHD Model for Non Contacting Liquid Face Seal", Tribology Transactions, 2003, Vol. 46 (2), pp. 187-192.

[108] **Thomas S.**, "Modélisation Numérique du Comportement Thermo-Aéro-Dynamique des Garnitures d'Etanchéité pour Gaz Réels Hautes Pressions", Thèse de doctorat, Université de Poitiers, 2001.

[109] **Brunetière N., Galenne E.,Tournerie B., Pierre-Danos I.**, "Modelling of Non Laminar Phenomena in High Reliability Hydrostatic Seals Operating in Extreme Conditions", Tribology International, 2008, Vol. 41 (4), pp.211-220.

[110] **Chang L., Farnum C.**, "A Thermal Model for Elastohydrodynamic Lubrication of Rough Surfaces", Tribology Transactions, 1992, Vol. 35 (2), pp 281-286.

[111] **Qiu L., Cheng H. S.**, "Temperature Rise Simulation of Three-Dimensional Rough Surfaces in Mixed Lubricated Contact", Journal of Tribology, 1998, Vol. 120, pp 310-317.

[112] **Frêne J., Nicolas D., Degueurce B., Berthe D., Godet M.**, "Lubrification Hydrodynamique – Paliers et Butées", 1990, Eyrolles, Paris.

[113] **Cicone T.**, "Studiul Problemelor Thermohidrodinamice ale Etansarilor Frontale cu Frecare Fluida", Thèse de doctorat, Université Polytehnica de Bucarest, 1997.

[114] **Tachibana F, Fukui S., Mitsamura H.**, "Heat Transfer in an Annulus With an Inner Rotating Cylinder", Bulletin of JSME, 1960, Vol. 3, pp. 119-122.

[115] **Beker K.M.**, "Measurement of Convective Heat Transfer from Horizontal Cylinder Rotating in a Tank Water", International Journal of Heat Mass and Transfer, 1963, pp. 1053-1062.

[116] **Li C-H.**, "Thermal Deformation in a Mechanical Face seal", ASLE Transactions, 1976, Vol.19 (2), pp. 146-152.

[117] **Doane J.C, Myrum T.A, Beard J.E.**, "An Experimental Computational Investigation of the Heat Transfer in Mechanical Face Seal", International Journal of Heat Mass Transfer, 1991, Vol.34 (4/5), pp. 1027-1041.

[118] **Phillips R.L, Jacob L.E, Merati P.**, "Experimental Determination of the Thermal Characteristics of a Mechanical Seal on its Operating Environment", Tribology Transactions, 1997, Vol. 40 (4), pp. 559-568.

[119] **Merati P Phillips R.L, Jacob L.E.**, "Experimental and Computational of Flow and Thermal Behavoir of a Mechanical Seal", Tribology Transactions, 1999, Vol. 42 (4), pp. 731-738.

[120] **Lebeck A. O., Nygrena M. E., Shirazi S. A., Soulisab R.**, "Fluid Temperature and Film Coefficient Prediction and Measurement in Mechanical Face Seals – Experimental Results", Tribology Transactions, 1998, Vol. 41 (4), pp. 411- 422.

[121] **Shirazi S., Soulisab R., Lebeck A. O., Nygrena M. E.** "Fluid Temperature and Film Coefficient Prediction and Measurement in Mechanical Face Seals - Numerical Results", Tribology Transaction, 1998, Vol. 41 (4) pp. 459-470.

[122] **Brunetière N., Molodo B.**, "Heat Transfer in a Mechanical Face Seal", International Journal of Thermal Sciences, 2009, Vol. 48 pp. 781-794.

[123] **Doust T.G, Parmar A.**, "An Experimental and Theoretical Study of Pressure and Thermal Distortions in a Mechanical Seal", ASLE Transactions, 1986, Vol.29 (2) pp. 151-159.

[124] **Lebeck A. O.**, "The Effect of Ring Deflection and Heat Transfer on the Thermoelastic Instability of Rotating Face Seal", Wear, 1980, Vol. 59, pp. 121-133

[125] **Etsion I.**, "Performance of End-Face Seals With Diametral Tilt and Coning - Hydrostatic Effects", ASLE Transactions, 1980, Vol. 23, 3, pp. 279-288.

[126] **Green I., Etsion I.**, "Stability Threshold and Steady State Response of a Non Contacting Coned-Face Seal", ASLE Transactions, 1985, Vol. 28 (4), pp. 449-460.

[127] **Doust T.G, Parmar A.**, "Transient Thermohydrodynamic Effects in a Mechanical Face Seal", Proceeding of 11th International Conference on Fluid Sealing, BHRG, Cannes, Paper F4

[128] **Loenhout Van G.**, "Mechanical Seals with Laser Machined Wavy for high Duty Boiler Circulation and Feedwater Applications", Proceeding of 4th Conference of EDF-LMS Workshop, Poitiers 2005.

[129] **Djamai A., Brunetière N., Tournerie B.**, "Numerical Modeling of Thermohydrodynamic Mechanical Face Seals", Tribology Transactions, 2010, Vol. 53 (3), pp. 414-425.

[130] **Patir N.**, "Numerical Procedure for Random Generation Rough Surfaces", Wear, 1978, Vol. 47, pp. 263-277.

[131] **Bakolas V.**, "Numerical Generation of Arbitrarily Oriented Non-Gaussian Three-Dimensional Rough Surface", Wear, 2003, Vol. 254, pp. 546-554.

[132] **Watson W., Spedding T. A.**, "The Time Series Modeling of Non Gaussian Engineering Processes", Wear, 1982, Vol. 83, pp. 215-231.

[133] **Johnson N. L.**, "Systems of Frequency Curves Generated by Method of Translation", Biometrika, 1949, Vol. 36, pp. 149-176.

[134] **Hill I. D., Hill R., Holder R. L.**, "Fitting Johnson Curves by Moments", Applied Statistics, 1976, Vol. 25, pp. 180-189.

[135] **Elrod H. G.**, "A Cavitation Algorithm", Journal of Lubrication Technology, 1981, Vol. 103, pp. 350-354.

[136] **Bonneau D., Hajjam M.**, "Traitement des Problèmes de Lubrification par la Méthode des Eléments Finis", Revue Européenne des Eléments Finis, Hermès, 2002, Vol. 10, pp. 679-704.

[137] **Hamrock B. J., Dowson D.**, "Ball Bearing Lubrication", John Wiley & Sons, 1981, New York.

[138] **Harris T. A.**, "Rolling Bearing Analysis", John Wiley & Sons, 1966, New York.

[139] **Buck G.S.**, "Heat Transfer in Mechanical Seals", Proceeding of 6th International Pump User Symposium, 1989, April 24-28 Huston –Texas

[140] **Vezjak A., Vizintin J.**, "Experimental Study on the Relationship between Lubrication Regime and the Performance of Mechanical Seals", Lubrication Engineering, 2001, Vol. 57, pp. 17-22.

[141] **Brunetière N.**, "An Analytical Approach of the Thermoelastohydrodynamic Behaviour of Mechanical Face Seal Operating in Mixed Lubrication", Proceedings of the Institution of Mechanical Engineers Part J: Journal of Engineering Tribology, 2010, Vol. 224, pp. 1221-1233.

[142] **Brunetière N., Tournerie B., Minet C.**, "On the Roughness Induced Hydrodynamic Pressure in Mechanical Face Seals", Proceeding of the 21st International Conference on Fluid Sealing, BHRG, 30 November- 01 December 2011, pp.103-113.

[143] **Brunetière N., Wang J.**, "Large-Scale Simulation of Fluid Flows in Mixed Lubrication", Proceedings of the ASME, International Joint Tribology Conference, October 23-26, 2011, Los Angeles, California- USA.

Liste des figures

Introduction

Figure Introduction 1 : Dispositif d'étanchéité d'une pompe centrifuge [1] 25

Figure Introduction 2: Image d'une garniture réelle [1] 26

Figure Introduction 3: Montage des garnitures mécaniques : a) garniture à stator flottant [2], b) garniture à rotor flottant [3], c) garniture à deux éléments flottant [4] 27

Figure Introduction 4: Représentation schématique d'une garniture mécanique 27

Figure Introduction 5: Mouvements possibles d'une garniture mécanique 28

Figure Introduction 6: Phénomènes régissant le comportement d'une garniture [6] 30

Figure Introduction 7: Forces agissant sur les éléments de la garniture mécanique 33

Chapitre 1

Figure 1.1: Défaut de formes de surfaces :a) conicité b) conicité +ondulation 38

Figure 1.2: Etat de surface d'une face en carbone de garniture mécanique 39

Figure 1.3: Profil de rugosité extrait du plan de coupe (A-A) de la figure 1.2 39

Figure 1.4: Exemple de courbe de Stribeck.. 40

Figure 1.5: Model de contact des aspérités GW [15] 45

Figure 1.6: Déformation d'une sphère par un plan rigide [26] 45

Figure 1.7: Orientations des rugosités [43] 51

Figure 1.8: Vue d'une zone lubrifiée avec les points de micro contact [56] 55

Figure 1.9: Description du problème EHD mixte : contact lubrifié et interaction des aspérités [57] 56

Figure 1.10: Patin avec une rugosité anisotrope................................. 57

Figure 1.11: exemple d'écoulement sur différentes échelles 64

Figure 1.12: Construction du système de maillage 64

Figure 1.13 : Modèle de contact rugueux EHD [110] 72

Figure 1.14 : Géométrie de la surface du contact lubrifié [111] 73

Figure 1.15 : a) Distribution locale du nombre de Nusselt pour différentes valeurs de Reynolds sur le rotor b) influence du rapport des conductivités sur le nombre de Nusselt du rotor et stator [122] 79

Figure 1.16 : a) conicité des faces convergentes b) conicité avec les faces divergentes 81

Chapitre 2

Figure 2. 1: Configuration géométrique de la garniture 86

Figure 2. 2: Effet du paramètre d'asymétrie sur la distribution des hauteurs 88

Figure 2. 3: Effet du paramètre d'étalement sur la distribution des hauteurs 89

Figure 2. 4 : Profil rugueux (en haut) / fonction d'autocorrélation de ce profil (FC 3, R3) 90

Figure 2. 5: Talysurf CCI 6000 92

Figure 2. 6: a)Position des zones mesurées sur la pièce b) Exemple de surface mesurée 93

Figure 2. 7: Surface mesurée sur une face en carbone après rodage 94

Figure 2. 8: Surface après redressement 95

Figure 2.9: Banc d'essai de garniture mécanique (source CETIM) 96

Figure 2. 10: Type de garniture utilisée au cours des essais 97

Figure 2.11: Données relevées pour un couple de garniture mécanique (SS/FC) 99

Figure 2.12: Hauteurs moyennes de rugosités après rodage par rapporte à leur valeur initiale : a) anneau FC, b) anneau SS 101

Figure 2.13: Hauteurs moyennes de rugosités et du coefficient de frottement en fonction du temps de rodage (garniture, FC/SS) 102

Figure 2.14: Hauteurs moyennes de rugosités après rodage par rapporte à leur valeur initiale : a) anneau FS, b) anneau SS 103

Figure 2. 15: Hauteurs moyennes de rugosités et coefficient de frottement en fonction du temps de rodage (garniture FS /SS)..................104

Figure 2. 16: Skewness (SSk) en fonction du temps de rodage: a) garniture FC /SS, b) garniture FS/SS) 105

Figure 2. 17: Kurtosis (Sku) en fonction du temps de rodage: a) garniture FC /SS, b) garniture FS/SS)..106

Figure 2. 18: a) Surfaces à corrélation exponentielle b) profils FAC exponentiels [7] 110

Figure 2. 19 : Contact au sommet d'une aspérité...................................115

Figure 2. 20 : Elément de surface caractéristique 118

Figure 2. 21: Forces agissant sur la garniture en position d'équilibre ..120

Figure 2. 22 : Maillage macroscopique et macroscopique du domaine d'étude 123

Figure 2. 23 : Géométrie d'un élément avec un bilan des débits...........123

Figure 2. 24: Distribution de pression macroscopique.........................126

Figure 2. 25: Organigramme multi-échelles du modèle isotherme.......129

Figure 2. 26 : Faces lisses et planes..131

Figure 2. 27: Faces coniques 131

Figure 2. 28: Champ de pression pour le cas des faces lisses et parallèles 133

Figure 2. 29 : Champ de pression pour 10 sous-domaines a) angle de conicité $\beta = 10^{-3}$ b) angle de conicité $\beta = 10^{-4}$ 135

Figure 2. 30: Champ de pression pour 20 sous-domaines a) angle de conicité $\beta = 10^{-3}$ b) angle de conicité $\beta = 10^{-4}$ 136

Figure 2. 31: Surface B..138

Figure 2. 32: Surface D   138

Figure 2. 33: Comparaison des courbes de Stribeck obtenues avec le modèle multi-échelles et le modèle déterministe (Surface B)...............139

Figure 2. 34: Comparaison des courbes de Stribeck obtenues avec le modèle multi-échelles et le modèle déterministe (Surface D) 140

Figure 2. 35: Comparaison du taux de cavitation obtenu avec le modèle multi-échelles et modèle déterministe (Surface B) 141

Figure 2. 36: Comparaison du taux de cavitation obtenu avec le modèle multi-échelles et modèle déterministe (Surface D) 141

Figure 2. 37: Portance hydrodynamique et force de contact pour le modèle multi-échelles et le modèle déterministe (Surface B)...............142

Figure 2. 38: Portance hydrodynamique et force de contact pour le modèle multi-échelles et le modèle déterministe (Surface D) 143

Figure 2. 39: Epaisseur de film séparant les anneaux, pour le modèle multi-échelles et le modèle déterministe (surface B)..........................144

Figure 2. 40: Epaisseur de film séparant les anneaux, pour le modèle multi-échelles et le modèle déterministe (surface D)..........................144

Figure 2. 41: Champ de pression macroscopique pour différentes valeur de G (surface B/ surface D) 146

Figure 2. 42: Champ de pression macroscopique pour différent nombre de sous-domaines, avec G= 1.97E-07 (surface B/ surface D)..............147

Figure 2. 43: Champ de pression globale du modèle déterministe et multi-échelles (Surface D, G =2.12 E-8)...148

Figure 2. 44: Comparaison des profils de pression obtenus avec les différents modèles (Surface D, G =2.12 E-8, coupe au milieu de la surface) 149

Figure 2. 45: Comparaison du temps de calcul avec deux processeurs : a) surface B, ...150

Figure 2. 46: a) Ecart relative surface B, b) Ecart relative surface D)..153

Chapitre 3

Figure 3. 1: Configuration géométrique de la garniture........................158

Figure 3. 2: Variation de la viscosité en fonction de la température: a) cas de l'huile et de l'huile légère, b) cas de l'eau...160

Figure 3. 3: Définition du domaine sur lequel est calculé le flux de chaleur autour d'un noeud 162

Figure 3. 4: Géométrie et différentes interfaces de transferts thermiques 163

Figure 3. 5: Conditions aux limites thermiques 164

Figure 3. 6: Condition aux limites pour le calcul des déformations thermiques..165

Figure 3. 7: Organigramme multi-échelles du modèle non isotherme..168

Liste des figures

Figure 3. 8: Configuration géométrique 170

Figure 3. 9: Comparaison du champ de température pour a) de l'eau et b) de l'huile 173

Figure 3. 10: Comparaison du champ de température sur les faces pour a) de l'eau et b) de l'huile à $\omega=100$ rad/s 174

Figure 3. 11: Comparaison des flux de chaleur dans les anneaux (cas de l'eau avec $\omega=150$ rad/s) 175

Figure 3. 12: Comparaison des flux de chaleur dans les anneaux (cas de l'huile avec $\omega=100$ rad/s) 175

Figure 3. 13: Comparaison de la variation de l'épaisseur de film suivant le rayon a)de l'eau b) de l'huile 177

Figure 3. 14: Portance hydrodynamique et force de contact (surface B) 178

Figure 3. 15: Portance hydrodynamique et force de contact (surface D) 179

Figure 3. 16: Variation de l'épaisseur de film (surface B) 180

Figure 3. 17: Variation de l'épaisseur de film (surface D) 180

Figure 3. 18: Courbes de Stribeck surface B 182

Figure 3. 19: Courbes de Stribeck surface D 182

Figure 3. 20: Courbes de Cavitation pour la surface B 184

Figure 3. 21: Courbes de Cavitation pour la surface D 184

Figure 3. 22: Débit massique pour la surface B 185

Figure 3. 23: Débit massique pour la surface D 186

Figure 3. 24: Champ de pression macroscopique (TEHD surface D)...187

Figure 3. 25: Comparaison du champ de pression macroscopique (TEHD, surface D) avec le cas de face lisse 187

Figure 3. 26: Profil de température (TEHD) en fonction du rayon (surface D) 188

Figure 3. 27 : Température moyenne en fonction de G (surface B)...... 190

Figure 3. 28: Température moyenne en fonction de G (surface D) 190

Figure 3. 29: Niveau de raffinement des maillages 191

Figure 3. 30: Test de sensibilité au maillage. a) coefficient de frottement b) température moyenne (surface D) 193

Figure 3. 31: Champ de température en fonction de G (surfaces B et D) 194

Chapitre 4

Figure 4.1 : Configuration géométrique du cas de référence 197

Figure 4.2 : Pourcentage de cavitation pour les deux surfaces 199

Figure 4.3 : Variation du coefficient de frottement 200

Figure 4.4 : Séparation de face à l'équilibre 201

Figure 4.5 : Coefficient d'échange et efficacité thermique (surface D) 202

Figure 4.6 : Profil de température en fonction de la vitesse 203

Figure 4.7: Température en fonction de la vitesse a) surface B et b) surface D 205

Figure 4.8: Variation de l'épaisseur de film suivant le rayon: a) surface B b) surface D 206

Figure 4.9 : Influence de la pression du fluide: a) sur la séparation des faces b) le coefficient de frottement (surface D) 209

Figure 4.10: Influence de la pression du fluide sur la température (surface D) 209

Figure 4.11 : Influence du coefficient d'équilibrage : a) sur le coefficient de frottement b) sur la séparation des faces (surface D) 211

Figure 4.12 : Influence du coefficient d'équilibrage sur la température (surface D) 212

Figure 4.13: Influence de l'écart type : a) sur la séparation des faces b) sur le coefficient de frottement (surface D) 213

Figure 4.14: Influence de l'écart type sur la température (surface D) ..214

Figure 4.15 : Influence des matériaux: a) sur la séparation des faces b) sur le coefficient de frottement (surface D) 217

Figure 4.16 : Influence des matériaux sur la température (surface D)..217

Figure 4.17 : Influence du coefficient de frottement sec : a) sur la séparation des faces b) sur le coefficient de frottement (surface D) 219

Figure 4.18 : Influence du coefficient de frottement sec sur la température (surface D) 219

Figure 4.19 : Influence de la viscosité : a) sur la séparation de face b) sur le coefficient de frottement (surface D)..221

Figure 4.20 : Influence de la viscosité sur la température (surface D)..221

Figure 4.21: a)Variation de h/S_q en fonction de G* b) variation de f* en fonction de G* 225

Figure 4.22 : a)Variation de $\bar{h}$ en fonction de Se b) variation de $\bar{T}$ en fonction de Se 227

Figure 4.23 : a)Variation de f* en fonction de G* b) Variation de $\bar{T}$ en fonction de Se pour différentes paramètres d'étude..............................229

Liste des tableaux

Liste des tableaux

Chapitre 2

Tableau 2.1: Caractéristiques de l'objectif utilisé sur le Talysurf CCI 6000 92

Tableau 2.2: Combinaison des garnitures et durée d'essai 97

Tableau 2.3: Paramètres géométriques des anneaux 98

Tableau 2.4: Paramètres de calcul dans les cas de faces lisses et parallèles 132

Tableau 2.5: Paramètres de calcul faces dans le cas de faces coniques 134

Tableau 2.6: Paramètre de calcul.. 137

Tableau 2.7: Caractéristiques de surfaces rugueuse et maillage 138

Chapitre 3

Tableau 3.1: Caractéristique des lubrifinats 160

Tableau 3.2: Paramètres géométriques et de fonctionnement 170

Tableau 3.3: Caractéristiques des matériaux 171

Tableau 3.4: Caractéristiques des lubrifiants 171

Tableau 3.5: Maillage des anneaux 191

Chapitre 4

Tableau 4.1 : Paramètres du cas référence 198

Tableau 4.2 : Paramètre d'étude... 207

Tableau 4.3 : Caractéristiques des matériaux 215

Modélisation de la lubrification mixte et du comportement thermique dans les garnitures mécaniques

Les garnitures mécaniques sont des composants utilisés pour assurer l'étanchéité d'arbres tournants. Elles sont constituées principalement de deux anneaux plans (le rotor et le stator), dont l'interface, qui constitue la barrière d'étanchéité, est lubrifiée par un film fluide. Le fonctionnement optimal est obtenu en minimisant à la fois la fuite et l'usure. Cela correspond à une épaisseur de film de l'ordre du micromètre, et à un régime de lubrification mixte.

L'étude bibliographique présentant l'état de l'art a permis de justifier l'utilisation d'une approche multi-échelles pour traiter le problème de lubrification mixte. Une autre partie de cette bibliographie a permis d'identifier les modèles thermiques à mettre en œuvre.

Le modèle multi-échelles développé pour l'étude de la lubrification mixte des garnitures mécaniques est ensuite présenté. Ce dernier utilise les surfaces numériquement générées et consiste à décomposer le domaine d'étude en plusieurs sous-domaines. L'équation de Reynolds prenant en compte la cavitation dans le fluide est résolue par la méthode des volumes finis à l'échelle micrométrique dans les sous-domaines de même que le contact normal hertzien des aspérités. Une échelle macroscopique est introduite pour connecter les conditions aux limites aux bornes des sous-domaines. Un champ de pression macroscopique est ainsi obtenu en assurant la conservation globale du débit. Ce modèle prend également en compte, à l'échelle macroscopique, le comportement Thermo-Elasto-Hydro-Dynamique (TEHD) dans les garnitures mécaniques. La discrétisation des équations de chaleur et de déformation est effectuée grâce à la méthode des éléments finis pour une géométrie axisymétrique. La validation du modèle multi-échelles est faite avec un modèle déterministe de lubrification mixte, d'une part, et d'autre part avec un modèle TEHD pour surfaces lisses précédemment développé au laboratoire. L'influence des paramètres caractérisant le comportement de la garniture est analysée au travers d'une étude paramétrique. Cette étude a permis d'identifier les différents régimes de lubrification dans lesquels l'épaisseur du film lubrifiant est contrôlée par la hauteur des rugosités ou par les déformations thermoélastiques des faces.

Mots-clés : Tribologie - Lubrification mixte - Garnitures mécaniques - Surfaces rugueuses - Contact des aspérités - Courbes de Stribeck - Effet thermique - Déformation thermique

Oui, je veux morebooks!

i want morebooks!

Buy your books fast and straightforward online - at one of world's fastest growing online book stores! Environmentally sound due to Print-on-Demand technologies.

Buy your books online at
www.get-morebooks.com

Achetez vos livres en ligne, vite et bien, sur l'une des librairies en ligne les plus performantes au monde!
En protégeant nos ressources et notre environnement grâce à l'impression à la demande.

La librairie en ligne pour acheter plus vite
www.morebooks.fr

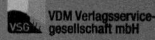 VDM Verlagsservicegesellschaft mbH
Heinrich-Böcking-Str. 6-8   Telefon: +49 681 3720 174   info@vdm-vsg.de
D - 66121 Saarbrücken   Telefax: +49 681 3720 1749   www.vdm-vsg.de

Printed by Books on Demand GmbH, Norderstedt / Germany